架空电力线路
导地线压接

实用技术

国网浙江省电力有限公司 组编

中国电力出版社
CHINA ELECTRIC POWER PRESS

内 容 提 要

导地线连接是架空电力线路施工和验收中的关键技术环节，本书是为进一步提高线路施工与验收人员的技术水平而精心编者的一本实用工具书。

本书内容包括架空电力线路导地线压接工艺的技术现状、压接的材料及其分类介绍、压接主要工器具、导地线的钳压、导地线的液压、压接质量验收标准、X射线无损检测技术。

结合架空电力线路施工和验收工作的生产实际，详细介绍了导地线压接技术的发展、技术原理、工艺流程，是架空电力线路施工人员、运维人员和生产管理人员必备的工具书，也可作为大专院校的教学参考书。

图书在版编目（CIP）数据

架空电力线路导地线压接实用技术/国网浙江省电力有限公司组编 . —北京：中国电力出版社，2020.9

ISBN 978-7-5198-3799-0

Ⅰ.①架… Ⅱ.①国… Ⅲ.①架空线路—输电线路—导线压接 Ⅳ.①TM726.3

中国版本图书馆CIP数据核字（2019）第233187号

出版发行：中国电力出版社

地 　 址：北京市东城区北京站西街19号（邮政编码100005）

网 　 址：http：//www.cepp.sgcc.com.cn

责任编辑：孙芳

责任校对：黄 蓓 李 楠

装帧设计：王红柳

责任印制：吴 迪

印 　 刷：三河市万龙印装有限公司

版 　 次：2020年9月第一版

印 　 次：2020年9月北京第一次印刷

开 　 本：787毫米×1092毫米 16开本

印 　 张：10

字 　 数：241千字

印 　 数：0001—1500册

定 　 价：48.00元

编　委　会

前言

由于运输和制造的原因，制造厂出厂的每一轴导地线长度是有限的，而线路耐张段长度又是不相同的，甚至由若干导地线连接而成，有导地线的耐张段处均需要开断与金具连接，大量的导线跳线及变电的架空母线、引线均需要与设备连接等，所以任何一个输变电工程的导地线连接施工都是不可避免的。导地线是输变电工程的重要元件，既承担输送电能和运行防雷的作用，又承受相当大的机械接力，而导地线经连接后，其导电性能、机械强度都与原导地线发生变化。因此，导地线连接的施工质量是输变电工程施工安全及能否安全可靠运行的重要环节。

本书的编写，是基于输电线路运维人员对输配电线路导地线连接的基本认知，对输配电线路运维人员岗位能力的巩固提升，旨在帮助输配电线路运维人员更好地掌握实际工作中的要领、更好地解决工作中遇到的常见典型问题，从而提升其专业技术、技能和综合素质，为电网的安全稳定运行提供有力支撑。

本书共分七章，第一章概述，介绍架空电力线路导地线压接现状；第二章压接材料，介绍压接材料及其分类；第三章压接机具，介绍压接所使用的机具情况；第四章导线的钳压连接，介绍导地线的钳压连接技术；第五章常用导地线的液压连接，介绍一般导地线的液压连接；第六章大截面导线液压连接，介绍大截面导线压接特点、压接操作及其安全技术要求；第七章导地线压接质量要求和检测方法，介绍导线及地线压接质量的检查及检测方法。

全书由邓益民统稿，陈小伟对本书提出了许多宝贵的意见，并对初稿进行了审核。本书在编写过程中，得到了公司系统相关单位及人员的大力支持，在此一并致以衷心的感谢。由于编写人员水平有限，书中不妥之处在所难免，恳请专家和读者批评指正。

编　者

2020 年 8 月

目录

目录

第一章 概 述

在电力系统中，架空电力线路是其重要的组成部分，并随着电力系统的发展而逐渐增多。受运输和安装等客观因素的制约，导地线往往需要先分段制造，在架线时进行现场连接。压接是导地线现场连接的一种常见形式，最早的钳压始于 20 世纪初，并在各类小截面导地线上广泛使用，目前在配网线路施工中仍然存在；自 20 世纪 80 年代以来，爆压连接从湖南长沙开始向全国扩展，后由于炸药安全性风险问题逐步被淘汰；进入 20 世纪 90 年代后，液压连接方式因其操作简便、安全高效得以推广，是目前架空电力线路导地线连接的主流方式。

一、导地线与压接金具在架空电力线路中的作用

架空电力线路中，导线是不可或缺的基本元件，是传输电能的主要载体。在 35kV 及以上架空线路中，绝大部分以裸导线为主；在 35kV 以下架空线路中，绝缘导线和裸导线均大量使用。在 1kV 及以下架空线路中，大量使用的是 PVC 类塑料芯线，连接极少采用压接方式。

地线常用于 35kV 及以上架空电力线路（35kV 以下也有小范围使用），是指在某些杆塔或所有杆塔上接地的绞线，通常悬挂在导线上方，对导线构成一定的保护，减少导线遭受雷击的概率。

在裸导线范围内，常见的线材类型有铝绞线、钢芯铝绞线、铝合金绞线等；在地线范围内，常见的线材类型有镀锌钢绞线、铝包钢绞线、复合光缆等；架空绝缘线是在裸导线的外围均匀而密封地包裹一层不导电的绝缘材料，其内部导电部分的连接处理与裸导线方法相同。

金具是架空电力线路中用于传递机械载荷、电气负荷或起到某种防护作用的金属附件。金具是关系到线路安全运行的重要部件，金具失效或损坏都将直接导致线路的破坏和断电，因此，要求金具必须具有很高的可靠性。在压接工作中，最常见的金具是压接管，包括耐张线夹、接续管、补修管、跳线线夹等。

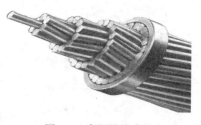

图 1-1 常用导线实物

常用导线实物见图 1-1，常用压缩型耐张线夹结构见图 1-2，常用导线压接成果见图 1-3。

二、导地线连接基本知识

导地线连接是架线工程中的主要分项工作之一，也是输配电线路施工中的主要隐蔽工

程，它直接关系输配电线路质量和后期的安全运行。按照施工方法和金具结构型式的不同，通常有螺栓式、预绞式、楔式、穿刺式、压接式等几种类型。

图 1-2 常用压缩型耐张线夹结构

图 1-3 常用导线压接成果

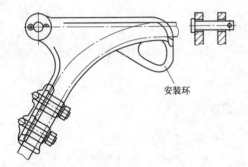

图 1-4 常用螺栓式耐张线夹典型结构型式见图 1-5。

（一）非压接式连接

1. 螺栓式连接

螺栓式耐张线夹是利用 U 形螺栓的垂直压力引起压块与线夹的线槽对导线产生的摩擦力来固定导线，常用于导线截面 $240mm^2$ 及以下的线路。常用螺栓式耐张线夹典型结构型式见图 1-4。

2. 楔型连接

楔型耐张线夹利用楔型结构将导线、地线锁紧在线夹内。常用楔型耐张线夹的典型结构型式见图 1-5。

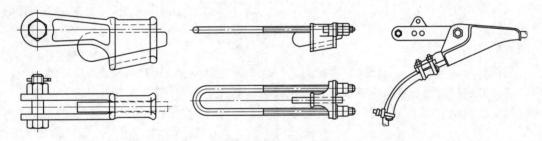

图 1-5 常用楔型耐张线夹的典型结构型式

3. 预绞式连接

预绞式耐张线夹由金属预绞丝及配套附件组成，将导线、地线张拉在耐张杆塔上，常用于复合光缆等类似线路。常用预绞式耐张线夹典型结构型式见图 1-6。

图 1-6 常用预绞式耐张线夹典型结构型式

4. 绝缘穿刺连接

绝缘穿刺连接常用于架空绝缘线路上主线与支线之间的电气连接。绝缘导线无需剥皮，利用内置的穿刺刀片刺穿外绝缘层，依靠力矩螺母的压力，使主线与支线之间形成有效接触，输送电能。常用绝缘穿刺线夹典型结构见图1-7。

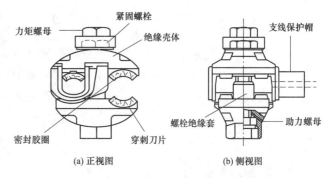

图 1-7　常用绝缘穿刺线夹典型结构

（二）压接式连接

本书所称的压接，是指利用特定的机具对被压接材料（绞线和金具）施加压力，使被压接的材料产生不可逆转的塑形变形，从而结合为一整体的操作工艺方法。压接操作是一项较为复杂的工作，需要较高的技术水平。因此，操作人员必须经过专门培训，并经考试合格后，方可胜任该项工作，操作时应有指定的质量检查人员在场进行监督。根据施工作业方法和使用工具的不同，输配电线路导地线的连接方法有钳压、液压和爆压。其适用范围如下：

（1）钳压连接。其将导线插入接续管内，用钳压器或导线压接机压接而成的一种施工工艺。钳压连接一般适用于 LJ-16～LJ-185 型铝绞线和 LGJ-10～LGJ-240 型钢芯铝绞线。

（2）液压连接和爆压连接。一般适用于镀锌钢绞线和较大截面的钢芯铝绞线及铝合金绞线。液压连接是用液压机和相匹配的钢模把压接管与导线或地线连接起来的一种施工工艺。爆压连接是将炸药爆炸的压力施压于压接管，将导线或地线连接起来的一种施工工艺。

爆压不需要机械，事先可以准备，现场操作快，在 20 世纪 80 年代初曾经在国内部分省、市、自治区（直辖市）广泛使用，但是爆压的质量检查困难，炸药运送、储存都需要办理审批手续和安全监督。爆压的巨响更是居民区环保和山区生态平衡的公害。液压方式从 20 世纪 90 年代以来高速发展，轻便快捷的液压机在市场上大量出现，液压压接技术已被国内外所公认并广泛应用，因此，现在液压方式逐渐占据主流。

本书就钳压和液压的工艺作一介绍。

常见空中液压压接操作见图1-8，常见地面钳压压接操作见图1-9，常见地面液压压接操作见图1-10。

图 1-8　常见空中液压压接操作

图 1-9　常见地面钳压压接操作

3

三、压接原理

压接过程中，使用量最多的基础性原材料是铁和铝，这是由铁和铝固有的材料性能决定的。相对而言，铁和铝在我国矿产资源丰富，开采方便，价格低廉；铁具有良好的机械性能和稳定性，铝具有优良的导电率和可塑性，因而在电力工程中被广泛使用。例如钢绞线、压接钢锚等由铁制成，导线的铝股、压接铝管等由铝材制成。架空电力线路压接中常用的铁和铝均属于单晶体原子类材料。材料的基本应力-应变拉伸曲线如图 1-11 所示。

图 1-10 常见地面液压压接操作

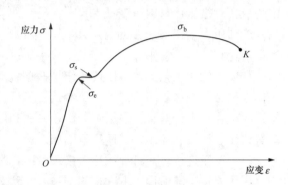

图 1-11 材料的基本应力-应变拉伸曲线图

在工程中，应力按照下式计算，即

$$\sigma = P/A$$

应变按照下式计算，即

$$\varepsilon = (L - L_0)/L_0$$

式中 P——载荷；

     A——试样的原始截面面积；

     L——试样变形后长度；

     L_0——试样的原始长度。

当应力低于材料的弹性极限 σ_e 时，材料发生的变形为弹性变形；当应力超过 σ_e 后，应力与应变的直线关系被破坏，出现屈服平台，σ_s 即为材料的屈服点；应力在 $\sigma_s \sim \sigma_b$（材料的强度极限）之间发生的变形为均匀塑性变形；但是在超过 σ_b 之后将发生严重颈缩或位移畸变；在 K 点发生断裂。材料在受到压缩时的变形机理与拉伸基本类似。

1. 弹性变形的实质

在应力的作用下，材料内部的原子偏离了平衡位置，但未超过其原子间的结合力。原子间距（晶格）发生了伸长、缩短或歪扭，但是原子的相邻关系未发生改变，故外力去除后，原子间结合力便可以使变形完全恢复。

2. 塑性变形的实质

在应力的作用下，材料内部的原子偏离了平衡位置，并进一步超过其原子间的结合力，原有晶格断裂，且原子间的相邻关系发生了改变，晶格发生了伸长、缩短或歪扭。外力去除后，由于各个原子之间的晶格已经定型，故变形无法恢复，视为永久变形。

压接就是发生了这样的塑性变形。

第二章 | 压 接 材 料

　　压接材料是压接过程中最为重要的基础性物件，主要有导线、地线、压接管等，压接材料自身质量是否良好，与压接最终效果有直接关系。本章将重点介绍常用导地线、配套金具、大截面导线及配套金具。

第一节　常用导地线

　　1808 年，氧化铝在实验室被电解还原反应为铝材；1908 年，美国铝业公司发明铝合金 1050，并制成钢芯铝绞线，开创了高压远程输电的先河。此后，各类绞线在此基础上不断延伸拓展，各种各样的导地线在工程领域广泛应用。

一、常用导地线性能特点

　　1. 铝绞线

　　铝绞线（all aluminum conductor，AAC）指所有股线为铝线的绞线。铝绞线具有结构简单、制造方便、架设维护方便、造价低等特点，是目前 10kV 及以下领域应用较为广泛的绞线。常用铝绞线实物见图 2-1。

　　2. 钢芯铝绞线

　　钢芯铝绞线（aluminum conductor steel reinforced，ACSR）是指单层或多层铝股绞线绞合在镀锌钢芯外的加强型导线。钢芯铝绞线具有结构简单、架设维护方便、造价低、传输容量大、导电性能佳、机械强度高、抗拉强度大等特点，是目前各个领域应用最为广泛的绞线。常用钢芯铝绞线实物见图 2-2。

图 2-1　常用铝绞线实物

图 2-2　常用钢芯铝绞线实物

　　3. 铝合金绞线

　　铝合金绞线（all aluminum alloy conductor，AAAC）指所有股线为铝合金线的绞线。铝合金绞线具有载流量大、质量轻、机械强度高、结构简单、制造方便、架设维护方便等特点，在目前老旧线路增容中应用较为广泛。

4. 钢绞线

钢绞线（steel strand）指把多根镀锌钢丝线同心绞合在一起的绞线。镀锌钢绞线具有柔软性好、可靠性强、机械强度高、易于制造运输和安装等特点，是目前高压架空电力线路上常见的地线材料。常用钢绞线实物见图 2-3。

5. 铝包钢绞线

铝包钢绞线（aluminum clad steel strand）。铝包钢绞线是对常规镀锌钢绞线的提升，在钢丝外围均匀镀一层铝层绞合而成，是高压输电线路架空地线的常见材料。相比镀锌钢绞线，在导电性能、防腐蚀、抗拉强度、单线质量等方面有较大的优势，但是由于外部铝覆合层较薄，故抗摩擦挤压性能相对较弱，对放紧线和压接有较高的要求。常用铝包钢绞线实物见图 2-4。

图 2-3　常用钢绞线实物

图 2-4　常用铝包钢绞线实物

6. 其他相对常用类似可压接的导线

如防腐型钢芯铝绞线、钢芯铝合金绞线、防腐型钢芯铝合金绞线、铝合金芯铝绞线、铝包钢芯铝绞线、铝包钢芯铝合金绞线、防腐型铝包钢芯铝合金绞线等线材，其性能大多与前述几种导线基本接近。

7. 特殊导线

（1）型线同心绞架空导线（overhead electrical conductors-formed wire concentric lay stranded conductors）是由具有不变横截面且非圆形金属绞线同心绞制而成的导线，常见的单丝形状有梯形、S 形、Z 形。

（2）高密度聚乙烯支撑型扩径架空导线（Expanded diameterconductor with HDPE sustentation），在钢芯外挤包高密度聚乙烯（HDPE），形成具有支撑和扩径作用的芯线，在其外层采用 Z 形铝型线，在邻外层采用 S 形铝型线进行绞合的导线。

8. 其他常用但不可压接的绞线

（1）碳纤维复合材料芯架空导线（overhead conductors carbon fiber composite core reinforced），简称为碳纤维芯导线，是由多根软铝单线或耐热铝合金单线（统称导体）与碳纤维复合材料芯同心绞制而成的架空输电线路用绞线，常用老旧线路增容改造。但是由于碳纤维芯导线芯棒固有的性能特点（较脆、易断），在进行连接时常采用锲型或预绞式连接，或者按照导线生产厂家提供的技术要求施工，对现场施工工艺要求很高。常用碳纤维芯导线实物见图 2-5。

（2）光纤复合架空地线（optical fiber composite overhead ground wire，OPGW），是指

把光纤放置在架空高压输电地线之中，兼具防雷和通信双重功能。由于光纤的精密性要求，压接的压力容易损伤光纤，故该种线材的连接不采用压接方式。常用 OPGW 实物见图 2-6。

图 2-5　常用碳纤维芯导线实物　　　图 2-6　常用 OPGW 实物

二、常见导地线型号及标识

（一）圆线同心绞线

1. 常用名称

在当前的工程应用领域，存在着各种各样的圆线同心绞线，需要统一规范命名及标识。根据 GB/T 1179《圆线同心绞架空导线》等标准中相关规定，基本原则如下：

（1）导线型号第一个字母均用 J，表示同心绞合。

（2）单一导线在 J 后面为组成导线的单线代号。

（3）组合导线在 J 后面为外层线（或外包线）和内层线（或线芯）的代号，两者用"/"分开。

（4）在型号尾部加防腐代号 F，则表示导线采用涂防腐油结构。

导线型号和名称详见附录 A。

2. 表示方法释义

圆线同心绞线用型号、标称截面面积、绞合结构表示。单一材料导线直接用其标称截面面积表示；组合导体采用"导电材料标称截面面积/加强芯材料标称截面面积"表示。绞合结构用构成导线的单线根数表示，单一导线直接用其单线根数表示，组合导线采用"导电材料根数/加强芯材料根数"表示。产品表示示例如下：

例 1：JL-500-37，由 37 根 L 型硬铝线绞制成的铝绞线，其标称截面面积为 $500mm^2$。

例 2：JLHA1-400-37，由 37 根 LHA1 型铝合金线绞制成的铝合金绞线，其标称截面面积为 $400mm^2$。

例 3：JL/G1A-630/45-45/7，由 45 根 L 型硬铝线和 7 根 A 级镀层 1 级强度镀锌钢线绞制成的钢芯铝绞线，硬铝的标称截面面积为 $630mm^2$，钢线的标称截面面积为 $45mm^2$。

例 4：JLHA2/G3A-800/55-45/7，由 45 根 LHA2 型铝合金线和 7 根 A 级镀层 3 级强度镀锌钢线绞制而成的钢芯铝合金绞线，铝合金线的标称截面面积为 $800mm^2$，钢线的标称截面面积为 $55mm^2$。

例 5：JL3/LB20A-630/55-48/7，由 48 根 L3 型硬铝线和 7 根 20.3%IACS 导电率 A 型铝包钢线绞制成的铝包钢芯铝绞线，硬铝线的标称截面面积为 $630mm^2$，铝包钢线的标称截面面积为 $55mm^2$。

例 6：JL2/LHA1-465/210-42/19，由 42 根 L2 型硬铝线和 19 根 LHA1 型铝合金线绞制

成的铝合金芯铝绞线，硬铝线的标称截面面积为 465mm²，铝合金线的标称截面面积为 210mm²。

例 7：JLB20A-150-19，由 19 根 20.3％IACS 导电率 A 型铝包钢线绞制成的铝包钢绞线，铝包钢线的标称截面面积为 150mm²。

例 8：JG3A-100-19，由 19 根 A 级镀层 3 级强度镀锌钢线绞制成的镀锌钢绞线，钢线的标称截面面积为 100mm²。

（二）型线

型线的外层单线为非圆形结构。型线的标示系统用于表示由成型铝线、有钢线或无钢线制造的绞线。单一铝导线用 JLxX 表示，x 表示铝的牌号。组合导线用 JLxX/Ly 或 JLxX/LyX 表示，JLxX 代表外部线（或包围层），Ly 或 LyX 代表内部线或芯。组合铝-钢导线用 JLxX/ Gyz 或 JLxX/LB 表示，JLxX 表示外部铝线（或包围层），Gyz 或 LB 代表钢芯。在镀锌钢线标示中，y 代表钢的牌号（普通强度、高强度或特高强度），z 表示镀锌层的级别（A 或 B）。

基本标识如下：

（1）以 LY9X 铝的等效导电面积（mm²）表示的代码。

（2）以芯材料面积（mm²）表示的代码，若使用。

（3）构成导线的单线，其牌号的标示，对组合导线首先标示包围层，然后标示芯。

（4）以导线的标称直径表示的数字。

例 1：JL9-500-262，导线由 LY9 成型铝线构成，面积为 500mm²，直径为 26.2（262×0.1)mm。

例 2：JLX/G1A-505/65-281，导线由 LY9 成型铝线及 G1A 普通强度 A 级镀锌的钢线构成，LY9 成型铝线的面积为 500mm²，G1A 钢的面积为 65mm²，导线标称直径为 28.1（281×0.1）mm。

以下为某些可能的导线型号举例，由其他单线型号的不同组合所构成的导线也是允许的。

1）JLX. JLHA1X. JLHA2X。

2）JLX/G1A. JLX/G1B. JLX/G2A. JLX/G2B. JLX/G3A。

3）JLX/L. JLX/LHA1. JLX/LHA2。

4）JLX/LB. JLHA2X/LB. JLHA1X/LB。

详见附录 B。

（三）扩径导线

扩径导线是特殊的型线结构。参照 GB/T 20141《型线同心绞架空导线》相关规定，扩径导线用型号、标称导电截面面积、扩径后标称截面面积及钢芯的规格和标称截面面积表示。高密度聚乙烯支撑扩径架空导线用 JLXK/Gyz、□□/□ 表示，其标识意义如图 2-7 所示。

例：LLXK/G2A-630（900）/50，铝截面面积为 630mm² 的导线通过支撑方式扩径到 900mm² 导线外径，即 630（900），钢芯截面面积为 50mm²。

详见附录 C。

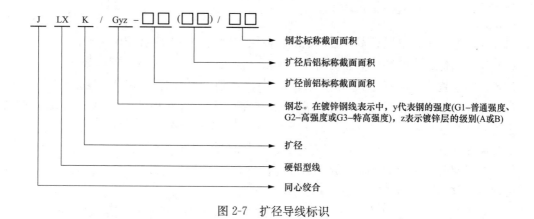

图 2-7　扩径导线标识

三、导地线制造的一般性技术要求

（一）圆线同心绞线

根据 GB/T 1179《圆线同心绞架空导线》等标准中相关规定，绞线应由圆硬铝线、圆铝合金线、圆镀锌钢线及圆铝包钢线中之一种或两种单线制成，绞合前的所有单线应符合相关标准中的规定。

1. 导线尺寸

现有的或已设计好的架空线路用导线及本书未包括的尺寸和结构，可根据各方需求进行设计和提供，并符合相关标准的有关要求。

2. 表面

新绞线表面不应有肉眼（或正常矫正视力）可见的缺陷，例如明显的划痕、压痕等，并不得有与良好的商品不相称的任何缺陷。

3. 绞制

（1）绞线的所有单线应同心绞合，相邻层的绞向应相反，除有特别需求说明以外，最外层绞向应为"右向"；每层单线应均匀紧密地绞合在下层中心线芯或内绞层上。

（2）绞合后所有钢线（铝包钢线）应自然地处在各自位置。当切断时，19 根及以下钢绞线（铝包钢绞线）各线端应保持在原位或容易用手复位，19 根以上钢绞线（铝包钢绞线）应尽量满足此要求。此要求也同样适用于导线的外层铝线。

（3）导线的绞合节径比应符合表 2-1 的规定。对于有多层的绞线，任何层的节径比应不大于紧邻内层的节径比。

表 2-1　　　　　　　　　　　导线绞合节径比

结构元件	绞层	节径比
钢及铝包钢加强芯	6 根层	16～23
	12 根层	14～22
铝及铝合金层	外层	10～14
	内层	10～16
钢及铝包钢绞线	所有绞层	10～16

4．接头

（1）绞制过程中，单根或多根镀锌钢线（或铝包钢线）均不应有任何接头。

（2）每根制造长度的导线不应使用多于1根有接头的成品铝或铝合金单线。

（3）绞制过程中不应有为了要达到要求的导线长度而制作的铝或铝合金线接头。

（4）在绞制过程中，铝或铝合金单线若意外断裂，只要这种断裂既不是因为单线内在缺陷，也不是因为使用短长度铝或铝合金线所致，则铝或铝合金单线允许有接头。接头应与原单线的几何形状一致，接头应修光，使其直径等于原单线的直径，而且不应弯折。

（5）铝或铝合金单线的接头个数应不超过表2-2的规定值。在同一根单线上或整根导线中，任何两个接头间的距离应不小于15m。

（6）接头宜采用冷压焊及其他认可的方法制作，这些接头的制作应与良好的生产工艺一致。

（7）当规定的接头不符合未焊接单线要求时，硬铝线接头的抗拉强度应不小于130MPa，LHA3、LHA4型铝合金线接头的抗拉强度应不小于185MPa，LHA1、LHA2型铝合金线接头的抗拉强度应不小于250MPa。制造厂应证明上述焊接方法能达到规定抗拉强度要求。

表 2-2　　　　　　　　　　　　铝及铝合金导线允许的接头数

铝绞层数目（层）	制造长度允许的接头数（个）
1	2
2	3
3	4
4	5
5	5

5．拉断力

（1）单一绞线（铝绞线、铝合金绞线、镀锌钢绞线和铝包钢绞线）的额定拉断力应为所有单线最小拉断力的总和；对于铝（铝合金）绞线，如铝（铝合金）单线的总股数为91股及以上时，导线额定拉断力应以所有单线最小拉断力总和的95％计算；对于镀锌钢绞线和铝包钢绞线，如单线总股数为61股及以上时，导线额定拉断力应以所有单线最小拉断力总和的95％计算。

（2）钢或铝包钢芯铝（铝合金）绞线的额定拉断力应为铝（铝合金）部分的拉断力与对应铝（铝合金）部分在断裂负荷下钢或铝包钢部分伸长时的拉力的总和。为规范及实用起见，钢或铝包钢部分的拉断力按250mm标距、1％伸长时的应力来确定。如铝（铝合金）单线的绞层数为4层时，导线额定拉断力应以计算值乘以95％。

（3）铝合金芯铝绞线的额定拉断力为硬铝线部分拉断力与铝合金线部分的95％拉断力的总和；如单线的总股数为91股及以上时，导线拉断力应以硬铝线部分拉断力与铝合金线部分的95％拉断力总和的95％计算。

（4）任何单线的拉断力为其标称截面面积与对应单线标准的相应最小抗拉强度的乘积。

（二）型线

型线由成型铝线、圆形镀锌钢线或铝包钢线或圆形铝线制成。绞合前所有的单线均应具有 JB/T 8134《架空绞线用铝-镁-硅系合金圆线》、GB/T 3428《架空绞线用镀锌钢线》、GB/T 17048《架空绞线用硬铝线》、GB/T 17937《电工用铝包钢线》等规定的性能。绞合前成型的单线应具有基于它们的等效圆单线直径所计算的性能。

几种金属的电阻率（按升序排列）如下：

(1) LX：　　28.264nΩ·m（对应 61%IACS）。

(2) LHA2X：32.530nΩ·m（对应 53%IACS）。

(3) LHA1X：32.840nΩ·m（对应 52.5%IACS）。

1. 结构形式

型线一般有 3 种生产工艺。第一种方法是单线在一个工艺过程中被成型，绞合是在另一工艺过程中进行。第二种方法是单线成型和单线绞合在一次操作中完成。第三种方法是先绞合一层圆单线，然后将此层紧压成圆形截面。圆形单线的其他层可被绞合和紧压，或成型单线的其他层可被绞合在紧压的芯线上。但是在任何情况下，材料都应符合 GB/T 17048《架空绞线用硬铝线》或 JB/T 8134《架空绞线用铝-镁-硅系合金圆线》要求。

第一种方法，试验应在绞合前的成型单线上进行，并且其性能应基于等效线径进行计算。在其他情况下，试验应在成型和绞合前的圆形单线上进行，并且其性能应基于成型之前的圆形单线直径进行计算。由成型单线制造的导线，其典型的型式如图 2-8、图 2-9 所示。

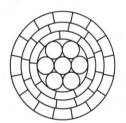

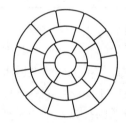

(a) JLxX/Gyz或JLxX/Ly型由梯型单线组成的三层导线　　(b) JLxX/Gyz或JLxX/Ly型由S型单线组成的三层导线

图 2-8　成型单线导线（三层）　　　图 2-9　S 型单线导线（两层）

2. 导线尺寸

附录 B 中列出了某些可能的导线尺寸作为指导，并建议对新导线尺寸的设计从附录 B 中进行选择。在附录 B 中也提供了导线直径及机械性能等同于现有的或已确定设计的导线，以有助于选择用于代替现有架空线路上的导线。本书中未包括的其他尺寸和绞合结构，使用者可参考相关要求。

3. 表面

导线的表面不应有肉眼（或正常矫正视力）可见的缺陷，例如明显的划痕、压痕等，并不得有与良好商品不相称的任何缺陷。

4. 绞合

(1) 导线的所有单线应同心绞合，相邻层的绞向应相反，除非有特殊指明，最外层的绞向均应为"右向"。

(2) 每层单线应均匀紧密地绞合在中心单线或内绞层的周围。

(3) 钢线绞层的节径比应符合下列规定：

1) 在 7 根和 19 根线的钢芯中，6 根线层的节径比为 16～26。

2）在 19 根线的钢芯中，12 根线层的节径比为 14～22。

3）对图 2-8（b）所示的导线结构，内层和外层的最小节径比均可小于 10。

5. 接头

（1）当绞合时，在钢芯或钢单线中不应有任何类别的接头。

（2）每根制造长度的导线应使用按照 GB/T 1179《圆线同心绞架空导线》所允许的每根铝单线不多于 1 个接头的成品。

（3）当绞合时，不应为了达到要求的导线长度而制作铝线接头。

（4）当绞合时，铝单线若难以避免地发生破断，只要这种破断既不是因为单线固有的缺陷，也不是因为使用短长度铝线所致，则铝单线允许接头。接头应与原单线的几何形状一致，即接头应修光，使其形状与母体线的形状相同，而且不应弯折。

（5）在铝单线中的接头数目不应超过表 2-3 的规定。在同一根单线上或整个导线的任一铝单线上，这些接头间的距离应不小于 15m。

表 2-3 在铝导线中允许的接头数目

铝绞层数目（层）	每根导线长度允许的接头数（个）
1	2
2	3
3	4
4	5

（6）接头应用电阻对焊、电阻对焊冷墩或冷压焊（对 LHA1 或 LHA2 材料进行冷压焊接时，可采用退火处理）及其他认可的方法制作。这些接头的制作应与良好的生产实践相一致。电阻对焊的接头应通电退火，接头两侧的退火距离约为 250mm。

在绞线中正确就位的单线接头，其性能与抗拉强度和伸长率有关。因为退火的电阻对焊接头具有较低的抗拉强度和较高的伸长率，所以综合性能与冷压焊接头或电阻对焊冷墩接头相似。当出现（4）中规定的接头要求低于未焊接单线的要求时，退火后的电阻对焊接头的抗拉强度应不小于 75MPa；冷压焊接头和电阻对焊冷墩接头的抗拉强度应不小于 130MPa。制造厂应证明上述推荐的焊接方法能够符合规定的抗拉强度要求。

6. 拉断力

（1）单一铝绞线的计算抗拉力应按照规定取所有单线的最小拉断力之和。

（2）JIxX/Gyz 或 JLxX/LB 组合导线的计算拉断力应是铝部分的拉断力和钢部分的拉力之和，而钢部分的拉力指的是对应铝在拉断负荷下伸长一致的钢的拉力。为了规范和实用起见，钢的这个拉力规定为按 250mm 标距、1% 伸长时的应力来确定。

（3）组合铝导线（JLX/LHA1 或 JLX/LHA2）的计算拉断力应取 LX 部分的拉断力和 LHA1 或 LHA2 部分 95% 的拉断力之和。

（4）任一单线的拉断力应为单线标称面积与相关规定的相应的最小应力的乘积。

（三）扩径导线

扩径导线应由圆形镀锌钢线、高密度聚乙烯、Z 形铝线等制成。绞合前所有的单线均应符合 GB/T 3428《架空绞线用镀锌钢线》、GB/T 15065《电线电缆用黑色聚乙烯塑料》、GB/T 17048《架空绞线用硬铝线》等的规定。绞合前 Z 形铝单线应具有等截面圆铝单线的性能。

1. 导线结构

典型高密度聚乙烯支撑型扩径架空导线的结构如图 2-10 所示。

常用扩径导线参数规格见附录 D。

2. 型线单线

扩径导线的 Z 形、S 形铝型单线应在绞合前成型。

3. 外观

导线的表面不应有肉眼（或正常矫正视力）可见的缺陷，例如明显的划痕、压痕、松股和跳股等，并不得有与良好商品不相称的任何缺陷。

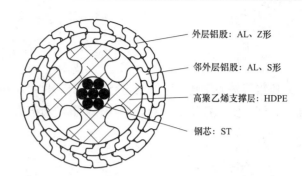

外层铝股：AL、Z 形

邻外层铝股：AL、S 形

高聚乙烯支撑层：HDPE

钢芯：ST

图 2-10　典型高密度聚乙烯支撑型扩径架空导线的结构

4. 绞合

（1）导线的所有单线应同心绞合，相邻层的绞向应相反，除非另有特殊指明，最外层的绞向应为"右向"。

（2）每层单线应均匀紧密地绞合在中心单线或内绞层（支撑层）的周围，成型良好。

（3）钢线绞层的节径比应符合下列规定：

1）6 根线层的节径比为 16～26。

2）12 根线层的节径比为 14～22。

（4）铝绞层的节径比应符合下列规定：

1）外绞层的节径比为 10～14。

2）邻外层的节径比应为 10～16。

（5）任一绞层的节径比应不大于紧邻内层的节径比。

（6）在钢芯上挤包高密度聚乙烯形成无捻的支撑层。

（7）铝层的绞合在挤包了高密度聚乙烯的支撑层上完成，绞合前，铝、钢单线及支撑层的温度应基本一致。

5. 接头

（1）钢芯和钢单线中不应有任何类别的接头。

（2）绞合前每根铝单线不应有接头。一个制造长度的成品导线（两层铝层）内的接头数量不应大于 3 个，接头之间的距离不应小于 15m，成品导线的外层铝单线不应有接头。

（3）当绞合时，铝单线若不可避免地破断，只要这种破断既不是因为单线固有的缺陷，也不是因为使用短长度铝线所致，则铝单线允许接头。接头应与原单线的几何形状一致，即接头应修光，使其形状等于母体线的形状，而且不应弯折。但不应为了达到要求的导线长度而制作铝线接头。

（4）铝线接头应用冷压焊制作，这些接头的制作应与良好的生产实践相一致，接头的抗拉强度应不小于 130MPa。

6. 额定抗拉力

支撑型扩径导线的计算额定抗拉力应是铝部分抗拉力的 95% 和钢部分的抗拉力之和，钢部分的抗拉力指的是对应铝在拉断负荷下伸长一致的钢的抗拉力。为了规范和实用起见，钢的这个抗拉力规定为按 250mm 标距、1% 伸长时的应力来确定。

第二节 常用压接管

压接管是关系到线路安全运行的重要部件，压接管失效或损坏都将直接导致线路破坏和断电，因此要求各类压接管必须具有很高的可靠性。压接管主要包括耐张线夹、接续管、跳线线夹、补修管四类。

一、耐张线夹

用于导线的压缩型耐张线夹，一般由铝（铝合金）管与钢锚组成，钢锚用来接续和锚固导线的钢芯，铝（铝合金）管用来接续导线的铝（铝合金）线部分，以压力使铝（铝合金）管及钢锚产生塑性变形，从而使线夹与导线结合为一整体。必要时，在铝（铝合金）管内可增加铝（铝合金）套管，以满足电气性能要求。

用于地线的压缩型耐张线夹，一般由钢锚直接构成，若有特殊要求，也可以加铝保护套。

压缩型耐张线夹的安装一般分液压和爆压两种方式，其常见连接型式有环型连接与槽型连接两种。

常用压缩型耐张线夹典型结构型式见图 2-11。

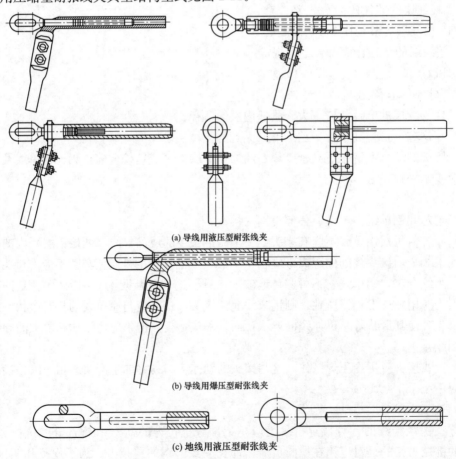

(a) 导线用液压型耐张线夹

(b) 导线用爆压型耐张线夹

(c) 地线用液压型耐张线夹

图 2-11　常用压缩型耐张线夹典型结构型式

二、接续管

接续管用于导地线的接续，起着等效延长导地线的作用。接续管与导地线直接接触并传递力学载荷和电气载荷，是架空输电线路的重要金具。压缩型接续管一般分为钳压、液压和爆压 3 种，典型结构型式如图 2-12～图 2-14 所示。

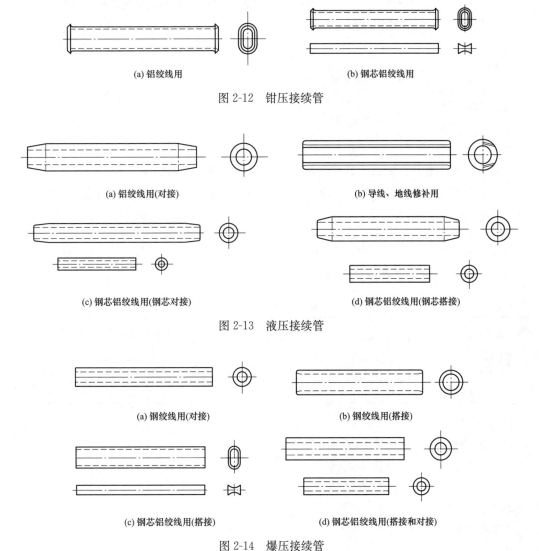

图 2-12　钳压接续管

图 2-13　液压接续管

图 2-14　爆压接续管

说明：架空绝缘线如需采用钳压法接续，需要将相应的接续管端部进行打磨修平处置，以便后续的绝缘化操作。

三、压接管规范命名及标识

1. 基本要求

（1）压接管型号标记一般由汉语拼音字母（以下简称字母）和阿拉伯数字（以下简称数

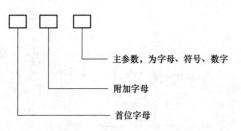

图2-15 压接管的型号标记

（字）组成，不应使用罗马数字或其他数字。

（2）标记中使用的字母应采用大写汉语拼音字母，I和O不应使用，字母不应加角标。

（3）压接管的型号标记如图2-15所示。

2. 耐张线夹

耐张线夹的型号标记：N X- X- X X

       ↓ ↓ ↓↓

       1 2 3 4

其中：

1表示安装方式：

B——爆压型；

T——钳压型；

Y——液压型。

2表示导线的型号，默认表示钢芯铝绞线，其他型号参见附录E。

3表示导线的标称截面面积，其表示方法参照GB/T 1179《圆线同心绞架空导线》。

4表示跳线线夹角度：

A——0°；

B——30°。

接续管的命名示例见表2-4。

表2-4   耐张线夹命名示例

名称	安装方式	导线型号	导线标称截面面积（mm²）	跳线线夹角度（°）
NY-400/35A	液压型	钢芯铝绞线	400/35	0
NY-JLHA1/LB1A-450/60B	液压型	铝包钢芯铝合金绞线	450/60	30

3. 接续管

接续管的型号标记：J X X-X-X

        ↓ ↓ ↓↓

        1 2 3 4

其中：

1表示安装方式：

B——爆压型；

T——钳压型；

X——修补条；

Y——液压型。

2表示钢芯接续方式：默认表示对接，D——搭接。

3表示导线的型号，默认表示钢芯铝绞线，其他型号见附录E。

4表示导线的标称截面面积，其表示方法参照GB/T 1179《圆线同心绞架空导线》及相关规定。

接续管的命名示例见表 2-5。

表 2-5　　　　　　　　　　　接续管的命名示例

名　称	类型	安装方式	钢芯接续方式	导线型号	导线标称截面面积（mm²）
JY-400/35	接续管	液压型	对接	钢芯铝绞线	400/35
JYD-JLHA1/LB1A-450/60	接续管	液压型	搭接	铝包钢芯铝合金绞线	450/60

四、压接管制造的一般要求

（一）技术条件

（1）压接管一般技术条件应符合 GB/T 2314《电力金具通用技术条件》的规定，并按设计图样制造。

（2）压接管的连接尺寸应保证与其所连接金具的配合性。

（3）承受电气负荷的压接管不应降低导线的导电能力，其电气性能应满足如下要求：

1）导线接续处两端点之间的电阻，对于压缩型耐张线夹，不应大于同样长度导线的电阻。

2）导线接续处的温升不应大于被接续导线的温升。

3）耐张线夹的载流量不应小于被安装导线的载流量。

（4）压接管压后握力强度应满足 GB/T 2314《电力金具通用技术条件》的要求，其与导线、地线计算拉断力之比不应小于 95%。

（5）所有压接管与被接续导线、地线应有良好的接触面，同时应使内部孔隙为最小，以防止运行中潮气侵入。

（6）压接管与导线、地线的连接处，应避免两种不同金属间产生的双金属腐蚀问题。

（7）压接管应考虑安装后，在导线、地线与金具接触区域，不应出现由于微风振动、振荡或其他因素引起应力过大导致的导地线损坏现象。

（8）压接管应避免或减少应力集中现象，防止导线、地线发生过大的金属冷变形。

（9）耐张线夹钢锚非压缩部分的强度不应小于导线、地线计算拉断力的 105%，或符合需方要求。

（10）承受全张力载荷的圆形铝或铝合金液压型接续管的拔稍长为导线直径的 1～1.5 倍。

（11）压接管应在管材外表面标注压缩部位及压缩方向。

（二）基本尺寸要求

压接管的基本尺寸应符合相关技术规定及图样要求。

（1）在不与其他零件连接和不与导线接触的部位，砂型铸铝件的偏差不大于 1mm，金属型铸铝件不大于 0.7mm；与导线接触部位的偏差不大于 0.7mm。对于未标注尺寸偏差的部位，其极限偏差应符合下列规定：

1）金具的基本尺寸不大于 50mm 时，其允许极限偏差为±0.7mm；

2）金具的基本尺寸大于 50mm 时，其允许极限偏差为基本尺寸的±2%。

（2）当产品图样未做特殊规定时，铸件的尺寸偏差不包括由于铸造斜度而引起的尺寸增减。铸件的铸造斜度不应影响金具的装配和连接，在重要部位不得由此降低产品的机械强度。

（3）挤压管外径及内径尺寸极限偏差应符合表 2-6 的规定。

表 2-6　　　　　　　　　　压接管内外径及内径尺寸极限偏差表　　　　　　　　　　mm

外径 ϕ		内径 d	
基本尺寸	极限偏差	基本尺寸	极限偏差
$\phi \leqslant 32$	$+0.4$ -0.2	$d \leqslant 22$	$+0$ -0.3
$32 < \phi \leqslant 50$	$+0.6$ $-$	$22 < d \leqslant 36$	$+0$ -0.4
$50 < \phi \leqslant 80$	$+1.0$ $-$	$36 < d \leqslant 55$	$+0$ -0.5

注　当内、外径基本尺寸超出本表时可参照使用，或参考生产厂商提供的技术参数。

（三）材料及工艺

1. 耐张线夹

（1）耐张线夹的材料及工艺应符合 GB/T 2314《电力金具通用技术条件》的规定及设计图样的要求。

（2）耐张线夹铝管及跳线线夹用铝材的抗拉强度不应低于 80MPa，伸长率不应低于 12%。

（3）耐张线夹铝合金管的抗拉强度不应低于 160MPa，伸长率不低于 12%。

（4）耐张线夹钢锚应按 GB/T 699《优质碳素结构钢》或 GB/T 700《碳素结构钢》选用，材质及工艺应满足设计图样或需方的要求，布氏硬度不应大于 HB156。

（5）所有用黑色金属制造的部件及附件均应采用热镀锌进行防腐处理；如经供需双方同意，也可采用其他方法获得等效的防腐性能，钢锚的钢管内壁应无锌层。

（6）耐张线夹钢锚一般应整体锻造。

（7）耐张线夹表面应光滑，不应有裂纹、叠层和起皮等缺陷；管材表面的擦伤、划伤、压痕、挤压流纹深度不应超过其内径或外径允许的偏差范围。

（8）引流板表面应平整，周边及孔边应倒棱、去刺，焊接时不应灼伤电气接触面。

（9）钢管中心同轴度公差不应大于 0.8mm。

（10）耐张线夹引流板采取双面接触型式时，引流管的平板端与引流板的安装间隙不应大于 0.8mm。

（11）铝管、铝合金管及钢管出口端应去刺并倒圆角。

2. 接续管

（1）接续管的材料及工艺应符合 GB/T 2314《电力金具通用技术条件》的规定及设计图样的要求。

（2）用优质碳素结构钢制造的接续管应符合 GB/T 699《优质碳素结构钢》的规定，用碳素结构钢制造的接续管应符合 GB/T 700 碳素结构钢的规定，用可锻铸制造的接续管应符合 GB/T 9440《可锻铸铁件》的规定，用铸造铝合金造的接续管应符合 GB/T 1173《铸造铝合金》的规定。

（3）接续管用铝材的抗拉强度应不低于 80MPa，铝合金材料的抗拉强度应不低于 160MPa。

（4）接续管的钢管应符合 GB/T 8162《结构用无缝钢管》的规定，布氏硬度不应大于 HB156。

（5）接续管的钢管、铝管及铝合金管出口处应倒棱去刺并倒圆角。

（6）钢管中心同轴度公差不应大于 0.8mm。

（7）接续管的表面应光滑，不应有裂纹、叠层和起皮等缺陷，管材表面的擦伤、划痕、挤压流纹等深度不应超过其内径或外径允许的偏差范围。

（8）制造接续管的黑色金属主体或附件均应采用热镀锌防腐处理，钢管内壁无锌层。外螺纹和内螺纹应在镀锌前加工，内螺纹在加工时可适量加大，镀锌后不应回丝及满足 GB/T 197《普通螺纹 公差》规定的 7H（内螺纹推荐公差带公差精度）/8g（外螺纹推荐公差带公差精度）配合精度要求。

扩径导线参数规格见附录 D。常用压接管参数规格见附录 F。

第三节 大截面导线及配套压接材料

本书所称大截面导线是指以多根镀锌钢线或铝合金绞线为芯，外部同心螺旋绞多层硬铝线，导体标称截面面积不小于 800mm^2 的绞线。大截面导线输电技术可解决出线回路多而走廊资源有限的问题，能显著提高输电走廊的效率，降低因大范围占地带来的经济和社会成本。大截面导线的可听噪声和无线电干扰都比较小，还可以减少对居民生活环境的影响。

一、国外大截面导线应用情况

国外大截面导线的应用开始得较早且应用非常广泛，其中有代表性的是美国的太平洋联络线（二分裂），兴建于 20 世纪 60 年代，±500kV 直流输电线路全长 1362km，使用了 ACSR-1170/65 导线；20 世纪 80 年代，巴西的±600kV 直流输电线路采用了 ACSR-1272 导线，目前巴西已建的 Madeira River±600kV 直流输电线路采用 ACSR-1170/65（四分裂）导线。

由于日本在线路设计时按照事故情况下导线发热允许的电流来选择导线截面面积（正常负荷情况下经济电流密度较小），所以在各个电压等级普遍采用大截面导线，日本 275kV 系统中普遍采用 2×810mm^2、2×1160mm^2、4×810mm^2 导线，500kV 采用 4×1520mm^2、6×810mm^2 导线，1000kV 采用 8×810mm^2、8×960mm^2 导线。

国外部分大截面导线的应用情况见表 2-7。

二、国内大截面导线应用情况

随着社会经济和输电技术的发展，我国架空输电线路所用导线截面呈逐渐增大的趋势。国内 500kV 输电线路建设初期导电截面面积为 300～400mm^2，20 世纪 90 年代初导线截面面积扩大至 500～630mm^2，随着三峡直流送出工程的建设又扩至 720mm^2；2000 年以来，随着特高压电网和超大型电厂的建设推广，800mm^2 及以上导线被大量使用，目前投运的输电线路中，单根子导线铝部分最大截面面积为 $1250\mathrm{mm}^2$，分裂数为 8 分裂。

国内、外部分大截面导线的应用情况见表 2-7 和表 2-8。

表 2-7   国内部分大截面导线的应用情况

序号	线路或工程名称	设计导线型号	投产时间	额定电压（kV）	备注
1	特高压宁东-山东直流	JL/G3A-1000/45	2010 年 12 月	±660	钢芯铝绞线
2	特高压锦苏线	LGJ-900/40	2012 年 12 月	±800	钢芯铝绞线
3	特高压锦苏线	LGJ-900/75	2012 年 12 月	±800	钢芯铝绞线
4	特高压哈郑线	JL/G3A-1000/40	2014 年 1 月	±800	钢芯铝绞线
5	特高压哈郑线	JL/G2A-1000/75	2014 年 1 月	±800	钢芯铝绞线
6	特高压哈郑线	JL/G2A-1000/80	2014 年 1 月	±800	钢芯铝绞线
7	特高压哈郑线	JLHA1/G4A-900/240	2014 年 1 月	±800	高强度铝合金绞线
8	特高压宾金线	JL/G3A-900/40	2014 年 7 月	±800	钢芯铝绞线
9	特高压宾金线	JL/G2A-900/75	2014 年 7 月	±800	钢芯铝绞线
10	特高压宾金线	JLHA1/G4A-900/240	2014 年 7 月	±800	高强度铝合金绞线
11	特高压灵绍直流	JL/G3A-1250/70	2016 年 9 月	±800	钢芯铝绞线
12	特高压灵绍直流	JL/G2A-1250/100	2016 年 9 月	±800	钢芯铝绞线
13	特高压酒湖直流	JL/G3A-1250/70	2017 年 3 月	±800	钢芯铝绞线
14	特高压酒湖直流	JL/G2A-1250/100	2017 年 3 月	±800	钢芯铝绞线
15	特高压山西-江苏直流	JL/G3A-1250/70	2017 年 6 月	±800	钢芯铝绞线
16	特高压山西-江苏直流	JL/G2A-1250/100	2017 年 6 月	±800	钢芯铝绞线
17	特高压锡盟-泰州直流	JL/G3A-1250/70	2017 年 9 月	±800	钢芯铝绞线
18	特高压锡盟-泰州直流	JL/G2A-1250/100	2017 年 9 月	±800	钢芯铝绞线
19	特高压扎鲁特-青州直流	JL/G3A-1250/70	2017 年 12 月	±800	钢芯铝绞线
20	特高压扎鲁特-青州直流	JL/G2A-1250/100	2017 年 12 月	±800	钢芯铝绞线
21	特高压昌吉-古泉直流	JL1/G3A-1250/70	2018 年 7 月	±1100	钢芯铝绞线
22	特高压昌吉-古泉直流	JL1/G2A-1250/100	2018 年 7 月	±1100	钢芯铝绞线
23	三门核电-回浦线路	JL/LB1A-800/55	2014 年 5 月	500	铝包钢芯铝绞线
24	苍南电厂-南雁线路	JL/G1A-800/55	2014 年 9 月	500	钢芯铝绞线
25	六横电厂-春晓线路	JL/LB1A-800/55	2017 年 2 月	500	铝包钢芯铝绞线

表 2-8   国外部分大截面导线的应用情况

序号	型号	结构 [股数（股）/直径（mm）]		截面面积（mm²）			外径（mm）	标准	备注
		铝	钢	铝	钢	总计			
1	ACSR-815/55	45/4.80	7/3.20	814.30	56.30	870.60	38.40	日本 JEC 3404	日本 500、1000kV 交流输电线路（四~十分裂）
2	ACSR-960/80	84/3.81	7/3.81	957.68	79.81	1037.49	41.91	日本 JEC 3404	日本 1000kV 交流输电线路（八分裂）
3	ACSR-1160/95	84/4.2	7/4.2	1163	96.95	1260	46.20	日本 JEC 3404	日本 275kV 交流输电线路（二分裂）

续表

序号	型号	结构［股数（股）/直径（mm）］		截面面积（mm²）			外径（mm）	标准	备注
		铝	钢	铝	钢	总计			
4	ACSR-1520/125	84/4.8	7/4.8	1520	126.70	1647	52.80	日本 JEC 3404	日本 500kV 交流输电线路（四分裂）
5	ACSR-1100/47	72/4.407	7/2.939	1098.27	47.49	1145.76	44.07	美国 ASTM B232	美国 345kV 交流、±250kV 直流输电线路
6	ACSR-930/40	72/4.06	7/2.71	932.13	40.38	972.51	40.64	加拿大 CAN/CSA-C49.1-M87	加拿大±450kV 直流输电线路（二分裂）
7	ACSR-1170/65	76/4.43	19/2.07	1171.42	63.94	1235.36	45.79	美国 ASTM B232	巴西 Madeira River ±600kV 直流输电线路（四分裂）
8	ACSR-1170/65	76/4.430	19/2.068	1171.42	63.82	1235.24	45.78	美国 ASTM B232	太平洋联络线 ±500kV 直流输电线路（二分裂）

三、大截面导线特点

大截面导线的生产工艺流程与常规导线生产工艺基本相同，具体流程是外购铝锭，用连铸连轧机将铝锭压制成铝杆→用高速拉丝机拉制出铝（铝合金）单线→用绞线机将钢芯（或其他加强芯）和铝单丝同心绞制出符合要求的导线。大截面导线和常规导线不同的是，大截面导线必须采用与铝（铝合金）层数相同的框式绞线机，大截面导线的绞线机一般为 4 层及以上，常规导线的绞线机一般为 3 层及以下。大截面导线和常规导线的成品有较大的差异，主要特点如下：

（1）导体铝层结构多，常规导线的铝绞线层最多只有 3 层，大截面导线的铝股为 4 层及以上。

（2）铝钢截面比大，常规钢芯铝绞线的铝钢截面比一般小于 20，大截面导线的铝钢截面比一般均大于 20。

（3）导电性能优，GB/T 1179《圆线同心绞架空导线》要求国内常规钢芯铝绞线用铝股的电阻率不大于 28.264nΩ·m（对应于 61％IACS），而大截面导线的铝股电阻率一般要求不大于 28.034nΩ·m（对应于 61.5％IACS）。

（4）绞线单丝机械性能稳定，大截面导线的铝单丝抗拉强度波动范围一般不超过 25MPa，钢线抗拉强度波动范围不超过 150MPa，而 GB/T 1179《圆线同心绞架空导线》对此无要求。

（5）接头个数少，参考 GB/T 1179《圆线同心绞架空导线》要求，当铝（或铝合金）股绞线层为 3 层及以下时，制造长度允许的接头数是不超过 4 个，而大截面导线在制造长度范围内允许的接头数是不超过 5 个。

四、配套压接金具

大截面导线压接管的设计制造原理与常规导线基本相同，但是由于大截面导线与常规导线结构层次等方面固有的差异，部分金具也存在着较大的不同，因此有必要就做以进一步说明。

（一）结构形式

常规导线用的液压式耐张线夹的主体为铝挤压管，一端经煨弯、压扁形成引流板，下接跳线线夹。这种结构通常称为整体弯结构，便于生产，简单易用，至今仍被大量应用，如图2-16（a）所示。但是这种整体煨弯结构的弯曲处强度不高，对于较大截面导线铝管外径较大，弯曲工艺受到一定限制。在1997年修订的电力金具产品样本中，采用了单板直接焊在铝耐张管上的结构，如图2-16（b）所示。这种结构在紧凑型线路运行过程中，在运行环境恶劣的风口地区有断裂现象发生，单板焊接结构现在已被平板开圆孔环形焊套焊在主体上的方式所代替，如图2-16（c）所示。

特高压1000kV晋东南-南阳-荆门特高压交流输电线路采用的是整体式双板引流式耐张线夹，耐张线夹的主体为铝管，引流板套焊在铝管中部，既提高了引流板强度，又缩短了铝管的长度。引流板部分为双板结构，增大了引流板的强度，提高了接线板载流面积，避免了运行时引流板发热现象的发生。耐张线夹引流板与耐张铝管的轴平行，受力更加合理。在生产时改进了加工工艺，为保证双板的平行度与粗糙度，采用整体挤压成型，焊接时再进行开口处理。与铸造型引流板相比，提高了耐张线夹的机电性能，大截面导线耐张线夹的结构形式为图2-17所示的双面接触耐张线夹，本体实物见图2-18。为避免大截面导线耐张线夹在倒挂上扬时出现积水鼓胀开裂，在其铝管本体靠近钢锚处可设计注脂孔，进行耐张线夹的压接时将电力脂充满压接管的空腔，压接时部分电力脂将从注脂孔溢出。

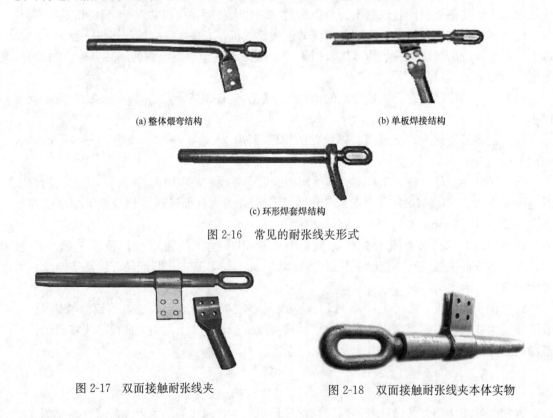

(a) 整体煨弯结构　　　　　　　　　　　　(b) 单板焊接结构

(c) 环形焊套焊结构

图 2-16　常见的耐张线夹形式

图 2-17　双面接触耐张线夹　　　　　图 2-18　双面接触耐张线夹本体实物

液压型接续管主要有搭接式和对接式两种。搭接式接续管的钢管压接长度较小，可以节约材料，同时张力放线时短的接续管易于通过滑轮，并且过滑轮时短的接续管所受到的损伤要小于长的接续管。因此，大截面导线接续管的钢管部分一般选择搭接式。接续管示意如图 2-19 所示。

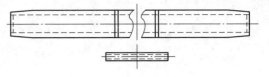

图 2-19　接续管示意图

（二）材料性能及制造工艺

1. 铝管及引流板

导线耐张线夹和接续管的铝管材料选用铝纯度不低于 99.5％的热挤压成型铝管，其布氏硬度 HB 应不大于 25，超过 25 时必须进行退火处理，抗拉强度不低于 80MPa，延伸率不低于 12％。

导线耐张线夹和接续管的铝管材料也可选用铝合金管（不允许铸造），抗拉强度不低于 160MPa，延伸率不低于 16％。

耐张线夹引流板和引流线夹选用铝纯度不低于 99.5％的热挤压成型铝管，技术要求同耐张线夹、接续管本体材料。

2. 钢锚及钢管

耐张线夹钢锚和接续管的钢管按 GB/T 699《优质碳素结构钢》的规定，牌号为 10 号钢；或按 GB/T 700《碳素结构钢》的规定，牌号为 Q235。钢管含碳量不超过 0.22％，成品硬度 HB 不大于 156，抗拉强度不低于 330MPa，延伸率不低于 8％。

钢锚采用整体锻造工艺加工，要求非加工表面钢印深度不大于 1mm，宽度不大于 3mm，不允许有裂纹、剥层及氧化皮存在。接续管钢管采用无缝钢管。钢锚及钢管采用热镀锌防腐，钢管镀锌内孔后应回锌。

第三章 | 压 接 机 具

第一节 压接设备的分类及组成

导地线液压压接是以液压泵为动力，配套相应压接模具对导地线及压接管进行满足使用要求的连接。

导地线压接机是一种电力输电线路施工或维修，对导地线进行压接或补强的专用液压设备。

根据金属导地线的规格选定合适的模具，将模具的下块放入压接钳腹腔，将金属导线和金属端子或金具放入下模具内，再将模具的上块嵌入钳架上，然后扳动换向阀手柄使压接钳内的活塞上升，直到上下模块压合。

一、液压压接设备分类

目前压接设备规格繁多，型式各异，以适应液压压接的不同用途及各种场合。同时，随着电力建设不断发展及国内机械制造水平的逐步提高，原来加工技术要求高、需要进口的压接设备，国内生产厂家也能制造并部分替代。

液压压接设备分类如下：

（一）按结构分类

液压压接设备按其结构形式，可分为分离式压接机、一体式压接机。

分离式压接机是指液压泵和压接机（钳）结构分离，两者通过液压软管连接。

（二）按动力源分类

液压压接设备按动力源分类，可分为机动式（柴油或汽油机作为动力）压接机、电动压接机和手动式压接机。

（三）按压力分类

液压压接设备按压力分类，一般分为高压（液压系统压力为 16～32MPa）压接机和超高压（液压系统压力在 32MPa 以上）压接机。

二、液压压接设备组成

液压压接机由原动机、液压泵、液压钳（机）、压模磨具和液压橡胶软管等部分组成。

（一）原动机

原动机采用手动、电动和机动 3 种形式。在电力线路施工中，为便于野外作业，减轻劳动强度，一般选用机动动力源，即柴油机或汽油机。

1. 手动式液压泵

手动液压泵作为一种简单方便的液压动力源，具有体积小、质量轻、便于携带、安全性强等优势。

手动式液压泵实物图如图 3-1 所示，手动液压泵结构示意图如图 3-2 所示。

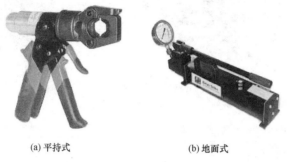

(a) 平持式   (b) 地面式

图 3-1 手动式液压泵实物图

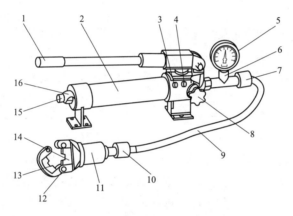

图 3-2 手动液压泵结构示意图

1—手柄；2—储油缸；3—高压单向阀；4—高压安全阀；5—压力表；6—三通阀；7—快速接头；8—卸载阀；
9—高压油管；10—快速接头；11—钳座；12—定位销；13—上钳口；14—下钳口；15—注油口；16—挂钩

手动液压泵（单级）工作原理如图 3-3 所示。

当手柄 4 向上提起时，液压油经过滤器 1、单向阀 2 进入柱塞 3 的下腔，液压泵吸油；手柄 4 向下运动时，柱塞 3 向系统供油。单级泵为间断式加压供油，排量不可调节，只能为低压大流量或高压小流量。

2. 电动式液压泵

电动液压泵实物图如图 3-4 所示。

电动式液压泵直接利用电源，用电动机作为动力，适用于变电站内及近电源场所导地线压接，具有质量轻、故障率少、噪声低等特点。

3. 机动式液压泵

机动式液压泵实物如图 3-5 所示。

机动式液压泵采用汽油机或柴油机作为动力，具有结构紧凑、机动性强等特点。

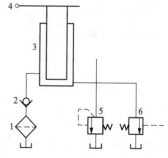

图 3-3 手动液压泵（单级）
工作原理图

1—过滤器；2—单向阀；
3—柱塞；4—手柄；
5—安全阀；6—卸荷阀

图 3-4 电动式液压泵实物图

图 3-5 机动式液压泵实物图

（二）液压泵

液压泵由 4 个部分组成，即动力元件、控制元件、辅助元件（附件）和液压油。

1. 动力元件

动力元件指液压系统中的油泵，其作用是将原动机的机械能转换成液体的压力能，它向整个液压系统提供动力。

（1）液压泵的结构形式。常用的电力线路施工压接机液压泵的结构形式一般有齿轮泵和柱塞泵。

液压泵的结构形式如图 3-6 所示。

1）齿轮泵。齿轮泵的最基本形式就是两个尺寸相同的齿轮在一个紧密配合的壳体内相互啮合旋转，这个壳体的内部类似"8"字形，两个齿轮装在里面，齿轮的外径及两侧与壳体紧密配合。来自挤出机的液体在吸入口进入两个齿轮中间，并充满这一空间，随着齿的旋转沿壳体运动，最后在两齿啮合时排出。齿轮泵实物如图 3-7 所示。

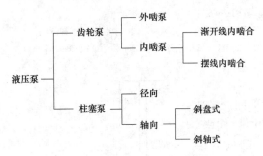

图 3-6 液压泵的结构形式图

图 3-7 齿轮泵实物图

a. 齿轮泵的优点：结构简单紧凑、体积小、质量轻、工艺性好、价格便宜、自吸力强、对油液污染不敏感、转速范围大、能耐冲击性负载、维护方便、工作可靠。

b. 齿轮泵的缺点：径向力不平衡、流动脉动大、噪声大、效率低、零件的互换性差、磨损后不易修复、不能做变量泵用。

2）柱塞泵。柱塞泵是液压传动中重要的工作部件。常见的柱塞泵分为径向柱塞泵和轴向柱塞泵。柱塞泵具有额定压力高、结构紧凑、效率高和流量调节方便等优点。柱塞泵实物图如图 3-8 所示。

柱塞泵属于容积式往复泵。柱塞泵通过柱塞在柱塞缸体中作往复运动，造成柱塞缸体中密封容积的变化产生压力差，使流体介质进行工作。即依靠柱塞在缸体中往复运动，使密封工作腔的容积发生变化来实现吸油、压油，改变柱塞的工作行程就可以控制柱塞泵流量的大小。

图 3-9 所示为单柱塞泵的工作原理。凸轮由动力源带动旋转。当凸轮推动柱塞向上运动时，柱塞和缸体形成的密封体积减小，油液从密封体积中挤出，经单向阀排到需要的地方去。当凸轮旋转至曲线的下降部位时，弹簧迫使柱塞向下，形成一定真空度，油箱中的油液在大气压力的作用下进入密封容积。凸轮使柱塞不断地升降，密封容积周期性地减小和增大，泵就不断地吸油和排油。

图 3-8 柱塞泵实物图

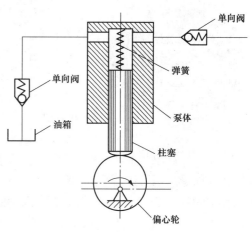

图 3-9 单柱塞泵的工作原理图

（2）液压泵的常用图形符号如图 3-10 所示。

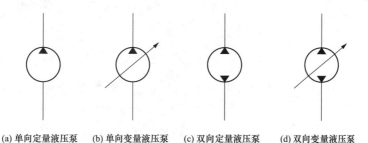

(a) 单向定量液压泵　(b) 单向变量液压泵　(c) 双向定量液压泵　(d) 双向变量液压泵

图 3-10 液压泵的常用图形符号图

1）单向定量液压泵：只能单向供油，用于小流量负载波动小的场合。

2）单向变量液压泵：单向供油，流量可以调节，用于小流量负载波动大的地方。

3）双向定量液压泵：泵能双向选择，实现双向供油，适用大流量负载波动小的场合。

4）双向变量液压泵：实现双向供油，流量可以调节，用于大流量负载波动大的地方。

（3）液压泵性能。液压泵主要性能包括液压泵的压力与流量。

1）液压泵的压力。

a. 工作压力。液压泵工作时，输出油液的实际压力称为工作压力。其数值取决于负载的大小。

b. 额定压力。其是指泵在正常条件下，连续运转允许达到的最高压力。又称为铭牌压力。

2）液压泵的流量。

a. 理论流量。其是指在没有泄漏的情况下，泵单位时间内所输出油液的体积。

b. 实际流量。其是指泵在单位时间内实际所输出油液的体积。

c. 额定流量。泵在额定转速和额定压力下，输出的实际流量称为额定流量。

2. 控制元件（即各种液压阀）

在液压系统中，控制和调节液体的压力、流量和方向。根据控制功能的不同，液压阀可分为压力控制阀、流量控制阀和方向控制阀。

（1）压力控制阀实物如图 3-11 所示。

压力控制阀是指用来对液压系统中液流的压力进行控制和调节的阀。此类阀是利用作用在阀芯上的液体压力和弹簧力相平衡的原理来工作的。

图 3-11　压力控制阀实物图

压力阀靠弹簧力与液体压力的平衡来控制阀体上油道的开闭，系统的最高压力是由溢流阀调定的，系统的工作压力由外载荷决定。直动式压力控制阀的工作原理如图 3-12 所示，从液压泵来的油进入 B 腔后，由于两边面积相等，故对阀芯没有轴向推力。在图 3-12（a）所示位置时，弹簧推动阀芯把 P 口与 T 口隔断，油液没有泄漏，系统压力升高，A 腔内的压力也随之升高，向下压缩弹簧的力不断增大，直至超过弹簧的推力，使阀芯向下运动，如图 3-12（b）所示。由于 P 口与 T 口接通，压力油经 T 口泄回油箱，系统压力下降，A 腔压力也随之降低，当油压力低于弹簧力时，阀芯上移，又切断 P 口与 T 口的联系，油液不能泄漏，压力又上升，阀芯这样不停地交替动作，系统压力就在动态中实现平衡，稳定在某一值，这就是压力阀的工作原理。

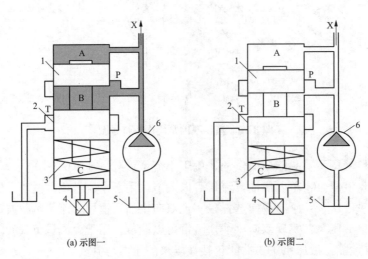

(a) 示图一　　　　　　　(b) 示图二

图 3-12　直动式压力控制阀的工作原理图

1—阀芯；2—阀体；3—弹簧；4—压力调节装置；5—油箱；6—油泵

（2）流量控制阀。流量控制阀是在一定压力差下，依靠改变节流口液阻的大小来控制节流口的流量，从而调节执行元件（液压缸或液压马达）运动速度的阀类。

（3）方向控制阀。按用途分为单向阀和换向阀。

1）单向阀：只允许流体在管道中单向接通，反向即切断。

2）换向阀：改变不同管路间的通、断关系、根据阀芯在阀体中的工作位置数分两位、三位等；根据所控制的通道数分两通、三通、四通、五通等；如二位二通、三位三通，三位五通等根据阀芯驱动方式分手动、机动、电磁、液动等。

3. 辅助元件

辅助元件包括油箱、滤油器、油管及管接头、密封圈、快速接头、压力表、油位油温计等。

（1）油箱。油箱的主要用途是储油。此外，还起到散热及分离出油中的杂质和空气等作用，因此油箱的容积和结构应满足以下要求：

1）具有足够的容量，以满足液压系统对油量的要求。系统工作时，油面应保持一定的高度。

2）能散发出液压系统工作过程中产生的热量，使油液不超过允许值。

3）油箱上部应适当透气，以保证液压泵正常吸油。

油箱的外侧大都装有油位油温计，以方便操作人员观察。

（2）滤油器。滤油器的作用是防止各类杂质进入液压工作系统，以保持液压油的清洁。液压压接设备上常用的为网式滤油器。

（3）油管及管接头。油管用来保证液压工作液体的循环和能量的传输。管接头把油管连接起来，构成管路系统。高压压接设备均采用无缝钢管和焊接管接头。

（4）快速接头。快速接头按结构可分为扣压式和可拆式两种。一般压接设备采用扣压式结构，以方便施工现场快速连接。

4. 液压油

液压油是液压系统中传递能量的工作介质，液压压接设备用油为抗磨液压油。常用的为46号抗磨液压油。对液压油的质量要求为：

（1）合适的黏度和良好的耐温性能，以保证液压元件在工作压力和工作温度发生变化的条件下得到良好润滑、冷却和密封。

（2）良好的极压抗磨性，以保证油泵、液压马达、控制阀和油缸中的摩擦副在高压、高速苛刻条件下得到正常的润滑，减少磨损。

（3）优良的抗氧化安定性、水解安定性和热稳定性，以抵抗空气、水分和高温、高压等因素的影响或作用，使其不易老化变质，延长使用寿命。

（4）良好的抗泡性和空气释放值，以保证在运转中受到机械剧烈搅拌的条件下产生的泡沫能迅速消失，并能将混入油中的空气在较短时间内释放出来，以实现准确、灵敏、平稳的传递静压。

（5）良好的抗乳化性，能与混入油中的水分迅速分离，以免形成乳化液，引起液压系统的金属材质锈蚀和降低使用性能。

（6）良好的防锈性，以防止金属表面锈蚀。

（三）液压钳

液压钳结构简图如图 3-13 所示，其工作原理及特点：

（1）液压钳为双作用单活塞杆油缸结构。其活塞工作和复位均为液压驱动。

（2）液压钳上、下两个油腔分别与活塞复位液口和升压液口相通，外接两只卡套式管接头通过高压胶管与高压液压泵站或相应液压工作源相连，以驱动液压钳上下运动，完成压接动作。

（3）液压钳顶部为转铁式结构。压模定位在转铁后，可直接装入钳体开口，并任意旋转 90°，即与钳体可靠连接定位。操作简单、方便，工作效率高。

（4）液压钳活塞采用精密加工及表面超硬化工艺处理，使液压钳工作更加平稳，使用寿命更长。

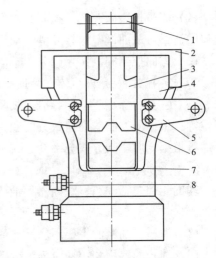

图 3-13　液压钳结构简图

1—提环；2—安全盖；3—转铁；4—钳体；
5—抬手；6—压模；7—活塞；8—卡套式管接头

第二节　常用压接设备及其工具

一、常用压接设备

图 3-14　机械式压接钳实物图

（一）常用压接钳

常用压接钳分为整体式压接钳、分体式压接钳。

1. 整体式压接钳

（1）机械式压接钳实物如图 3-14 所示，机械式压接钳参数见表 3-1。

表 3-1　　　　　　　　　　机械式压接钳参数表

型号	最大压接力	适用范围（mm²）		质量（kg）	外形尺寸（mm）
		铜端子	铝端子		
16201	JYJ~1	6~240	4~185	3	500×140×60
16202	JYJ~2	6~300	4~240	3	500×140×60
16203	JYJ~3	16~400	10~300	3.5	550×150×60

（2）手动式压接钳实物如图 3-15 所示，手动式压接钳参数见表 3-2。

表 3-2　　　　　　　　　　手动式压接钳参数表

型号	Hctx-300	Hctx-400
最大压力（kN）	60	120
压接范围（mm²）	铜端子 50~300 铝端子 35~240	铜端子 50~400 铝端子 35~300
质量（kg）	3.4	5.3
特性	（1）快速、轻巧、更持久。头部为翻开式设计，方便压接管取放。 （2）头部能自由旋转 360°。 （3）双段式液压系统，自动泄压	（1）42mm 大开口设计，压接管取放更方便，更适合压接中间接续管。 （2）头部能自由旋转 360°。 （3）双段式液压系统，自动泄压

（3）充电式压接钳实物如图 3-16 所示，充电式压接钳参数见表 3-3。

图 3-15　手动式压接钳实物图

图 3-16　充电式压接钳实物图

表 3-3　　　　　　　　　　　充电式压接钳参数表

型号	ECTX-300	ECTX-400
最大压力（kN）	60	120
压接范围（mm²）	铜端子：50～300	铜端子：50～400
	铝端子：35～240	铝端子：35～3000
电池	高性能 18V 锂电池	高性能 18V 锂电池
质量（kg）	4.2	6.8
特性	（1）内置式安全阀，当压力达到最大时可以自动泄压。 （2）内置微电脑芯片控制器，一次充电完成更多压接	

2. 分体式压接钳

分体式压接钳实物如图 3-17 所示，分体式压接钳参数见表 3-4。

表 3-4　　　　　　　　　　　分体式压接钳参数表

型号	SCHX-610
最大压接力（kN）	150
压接范围（mm²）	铜端子 50～400
	铝端子 35～300
质量（kg）	5.3
特性	（1）C 型开口设计，方便压接管取放。 （2）开口达到 50mm，能轻松压接钳压管 240mm²
可配泵	HPX-700、PEX-1

（二）液压压接泵

1. 手动式压接泵

手动式压接泵实物如图 3-18 所示，手动式压接泵参数见表 3-5。

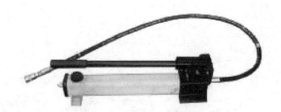

图 3-17　分体式压接钳实物图　　　　　　图 3-18　手动式压接泵实物图

表 3-5　　　　　　　　　　　　手动式压接泵参数表

型号	最大油压（MPa）	储油量（L）	质量（kg）	备注
CSB63	70	0.9	5.2	油管长 1.5m
CP-700	70	0.94	9	油管长 1.5m
HPX-700	70	1.0	5.0	油管长 2m

2. 遥控电动泵

遥控电动泵实物如图 3-19 所示，遥控电动泵参数见表 3-6。

表 3-6　　　　　　　　　　　　遥控电动泵参数表

型号	最高油压（MPa）	流量（L/min）		电源（V）	电动机功率（kW）	质量（kg）	备注
PEX-1	70	低压：6.0		AC 220	0.75	25	单管路，遥控线长 2m
		高压：0.7					
PEX-2	70	低压：2.6		AC 220	0.34	15	单管路，遥控线长 3m
		高压：0.32					

3. 充电、交流两用液压泵（瑞典 ELPRESS）

充电、交流两用液压泵实物如图 3-20 所示，充电、交流两用液压泵参数见表 3-7。

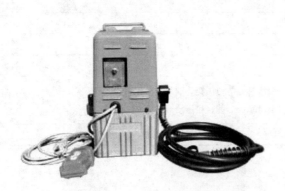

图 3-19　遥控电动泵实物图　　　　　　图 3-20　充电、交流两用液压泵实物图

表 3-7 充电、交流两用液压泵参数表

型号	输出压力	低压吐油量	高压吐油量	外形尺寸	储油量	质量
PS700	700Pa	0.8L/min	0.6L/min	390mm×225mm×225mm	1L	泵：12.3kg；托架：8.6kg

注 推行移动、肩背（泵体可拆卸）两用，适用于高空作业。

4. 电动液压泵

电动液压泵实物如图 3-21 所示，电动液压泵参数见表 3-8。

表 3-8 电动液压泵参数表

型号	最高油压（MPa）	流量（L/min）	电源（V）	电动机功率（kW）	质量（kg）
ZCB6-5	70	低压：5.0	AC 220	0.75	30
		高压：0.8			
YBG-94WD	70	1.5	AC 380	1.5	63

5. 超高压机动液压泵

超高压机动液压泵的特点是结构新颖，性能稳定，操作、维修方便，使用安全可靠。

超高压机动液压泵实物如图 3-22 所示，超高压机动液压泵参数见表 3-9。

图 3-21 电动液压泵实物图

图 3-22 超高压机动液压泵实物图

表 3-9 超高压机动液压泵参数表

型号	最高油压（MPa）	流量（L/min）	动力			质量（kg）
			类型	型号	功率（kW）	
YBG-94WQ	75	1.5	汽油机	CX160	4.1	68
YBG-94WC	75	1.5	柴油机	Y100L-4	2.94	110

6. 超高压机动液压泵（双速型）

超高压机动液压泵（双速型）的特点是采用高、低泵组合方式，压接速度更快。

超高压机动液压泵（双速型）实物图如图 3-23 所示，超高压机动液压泵（双速型）参数见表 3-10。

表3-10   超高压机动液压泵（双速型）参数表

型　号	配置动力	功率（kW）	额定输出压力（MPa）	额定流量（L/min）		质量（kg）
				高压	低压	
YBC-Ⅲ-Ja	汽油机（本田）	5.5	80	2.05	11.2	55
YBC-Ⅲ-Jc	柴油机170	4				65
YBC-Ⅲ-D	电动机	3.0		1.6	8.0	45

（二）液压压接钳

1. 高压压接钳

高压压接钳实物如图3-24所示，高压压接钳参数见表3-11。

图3-23　超高压机动液压泵（双速型）实物图　　　　图3-24　高压压接钳实物图

表3-11   高压压接钳参数表

型号	最大压接力（kN）	最大油压（MPa）	适用端子（mm²）	行程（mm）	质量（kg）
SCHX-25	250	70	铜：50～630	25	5.5
FYQ-630A	316		铜：150～630		15.4
SCHX-45	450		铜：50～800		10.6

2. 超高压压接钳

超高压压接钳实物如图3-25所示，超高压压接钳参数见表3-12。

二、常用液压机具及消耗性材料配置

导地线液压连接常用的机具及消耗性材料可参考表3-13、表3-14选用，并根据实际需求进行增减。

图3-25　超高压压接钳实物图

表 3-12 　　　　　　　　　　　　　　超高压压接钳参数表

型号	最大输出力 （kN）	额定工作压力 （MPa）	活塞行程 （mm）	压接范围 （压接管外径，mm）	质量 （kg）
YJC 500	500		30	$\phi14\sim\phi50$	18
YJC 1000	1000		35	$\phi14\sim\phi58$	35
YJC 1250	1250	80	25	$\phi14\sim\phi60$	40
YJC 2000	2000			$\phi14\sim\phi80$	80
YJC 2500	2500		48	$\phi14\sim\phi90$	120
YJC-3000	3000		52	$\phi14\sim\phi100$	145

表 3-13 　　　　　　　　　　　　　　常用液压机具配置

序号	名称	规格	备注
1	液压泵	与液压钳规格匹配	机动/电动，配高压油管
2	电源箱	与电动油泵功率匹配	配接地装置
3	液压钳	与液压管规格匹配	
4	压模	与导线、地线规格匹配	配钢模/铝模
5	导轨	底座与液压钳匹配	
6	断线器	与导线、地线规格匹配	液压式/大剪刀
7	剥线器	与导线、地线规格匹配	
8	钢锯		
9	锯条		
10	游标卡尺	精度为 0.02mm	
11	角尺	液压钳与导轨底座定位	
12	钢卷尺		
13	水平尺	导轨水平检测	
14	铝锉		
15	钢锉		
16	钢丝刷	细丝	
17	试管刷	与液压管内径、长度匹配	
18	油漆软刷		涂防锈漆/导电脂用
19	老虎钳		
20	铁锤	4P	
21	软锤		
22	油壶	铁质	正品/废油回收
23	清洗盆		
24	画印笔		
25	卡箍	与导线、地线外径匹配	
26	细铁丝		断线/剥线绑扎用

序号	名称	规格	备注
27	橡皮手套		清洗保护
28	绝缘手套		电动设备操作手用
29	钢印	5mm	
30	消防器材		
31	移动式货架		
32	木条		置放清洗后材料
33	清洁垫		地面隔离
34	清洁工具		

注 1P＝0.454kg。

表 3-14　　　　　　　　　　　　液压压接常用消耗性材料

序号	名称	规格	备注
1	汽油/无水乙醇		
2	电力复合脂		
3	防锈漆		
4	红丹漆		管端画印
5	砂纸	0 号	
6	棉纱线		
7	黄油		压钳/液压管外壁润滑

第三节　大截面导线液压设备

大截面导线因导线本体的外径、截面面积及铝钢比较大，使用过程所承受的张力较大，所使用的耐张线夹、接续管，其钢管、铝管几何尺寸均比常规的导地线钢管、铝管在长度和管壁厚度方面增加，技术要求方面更高。在压接连接时，所使用的液压设备的出力要求更大，施工质量要求更高，需采用可靠的液压设备及配套工具来保证。

一、压接机

导线接续管钢管及耐张线夹钢管压接，可选用 1000、1500、2000、2500、3000kN（普通）、3000kN（轻型）、6000kN 等液压机及配套模具，导线接续管和耐张线夹的铝管压接，800mm² 导线截面应选用 2500kN 等级、900mm² 导线截面应选用 3000kN 普通或轻型等级、1250mm² 导线截面应选用 3000kN 普通或轻型、6000kN 等级液压机及配套模具。

图 3-26　3000kN 压接机实物图

图 3-26 所示为 3000kN 压接机实物图，3000kN 压接机主要技术参数见表 3-15。

表 3-15 　　　　　　　　　　**3000kN 压接机主要技术参数**

型号	SJ-BJQ-3000/100-A	
液压泵站		
发动机功率	4.8kW 汽油机	
发动机转速（r/min）	3600	
汽油箱容量（L）	3.1	
机油容量（L）	0.6	
额定压力/流量（MPa/L）	低压：6~10	高压：100/1.8
额定输出压力（MPa）	100	
最大输出压力（MPa）	125	
液压油型号	L-HM32/46 号抗磨液压油	
液压油箱容量（L）	15	
加注液压油量（L）	12.5	
整机质量（kg）	40（不含油）	
外形尺寸	600mm×400mm×470mm	
液压钳		
适用额定压力（MPa）	100	
额定输出力（kN）	3000	
工作行程（mm）	45	
油缸外径（mm）	ϕ255	
液压钳质量（kg）	128	
外形尺寸（mm）	ϕ304×490	

二、压接模具

要求压接模具与液压钳型号匹配，考虑压后的金属弹性变形并尽量减少压后飞边的出现，且最大尺寸不能超过最大允许值。

（一）对边距的设计

对边距的计算式为

$$S = 0.86D^{-0.1}_{-0.2}$$

压接模具对边距的尺寸公差除满足上述要求外，上、下模具合模后，每一组对边尺寸之间的偏差不应大于＋0.1mm（偏差均匀性）。

（二）压口长的计算

压口长的计算式为

$$L_m = \frac{Kp}{HB \times D}$$

式中　L_m——压口长，mm；

　　　K——液压机使用系数，1000kN 液压机为 0.09，2000、2500、3000kN 液压机为 0.08；

　　　p——油压出力，N；

　　　HB——压接管材料的布氏硬度，N/mm²；

D ——压接管标称外径，mm。

三、导轨

为了保证压接管压后平直和偏扭，液压钳应置于匹配的专用导轨式托架，导轨长度不小于 2.5m。操作时将两端导线置于托架上，两侧托架不宜直接箍紧导地线，应随钳头自由升降，托架中心高度与压模合模后的中心高度一致。压接钳应固定在托盘内，防止扭转。压接钳底座在导轨上的行程等于压接宽度，应保证两模之间合模宽度。对于耐张压接，耐张管一侧的托架应采取固定引流板角度的措施。导轨实物如图 3-27 所示。

四、导线断线器

图 3-27　导轨实物图

导线断线采用液压或机械式断线器进行断线。导线断线器实物如图 3-28 所示。

五、导线剥线器

导线剥线宜采用与导线外径匹配的剥线器。导线剥线器实物如图 3-29 所示。

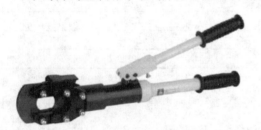

图 3-28　导线断线器实物图

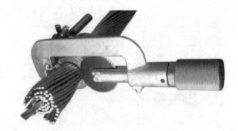

图 3-29　导线剥线器实物图

第四节　压接机具的使用与维护

一、压接机具使用

（一）使用前准备工作

（1）检查液压泵站的摆放是否平稳，尽量摆放在水平位置。

（2）检查机动压接机汽（柴）油和机油是否已加至正常油面。

（3）检查液压油是否已加至规定位置。

（4）检查液压油管、接头等是否连接好。在液压油管插入式快换接头安装时，须注意以下事项：

1）新油管内一般情况下未装入液压油，初次使用长油管时要检查液压油箱内的油面高度，保证工作状态的液压油面保持在油表中心线上。

2）拆装油管快换接头时注意安全，必须先将高压油管内的压力卸压。

3）液压泵站摆放，一定要保证高压油管尽量直或呈较大弧型，不准处于扭曲状态。

（5）启动前，把换向阀手柄放在中间位置，使液压系统处在卸荷状态。

（二）压接设备操作

（1）压接模具安装。

1）选择和压接机和压接接续管相配合的模具，辨别上、下模。

2）确保压钳活塞回程到位，将下压模的定位销插入活塞定位孔。

3）上模具装入，有移动插入定位和90°转向定位两种方式，必须确保安装到位。

（2）压接件两侧应对准扶正，操作人员与钳体保持适度距离。

（3）操作换向阀时，操纵手柄要平稳，切忌用力过猛、过快。

（4）压接过程中，禁止操作手放开手柄，更不能随意离开。

（5）必须使每模都达到规定的压力，而不以合模作为压好标准。当压力表到达规定值时，保压3~5s后，及时把换向阀手柄扳到中位停顿，再把换向阀扳向另一侧，压接钳活塞开始下降，一直下降到压力开始上升，再把换向阀手柄扳到中位。

（三）使用注意事项

（1）在使用设备前，应检查其完好程度，发现钳体、顶盖有裂纹者严禁使用。

（2）油管与压接钳未连接牢固且液压钳内模具未安装到位前，不允许进油升压。

（3）液压泵的安全溢流阀压力均已设定，操作人员不得随意调整。

（4）设备在工作过程中，不应进行检修和调整模具，严禁用手抚摸运动部分或将手放入运动空间。

（5）当发现设备漏油或其他异常（如动作不可靠、噪声大、振动和冲击等）时，应停机分析原因，设法排除故障，不得使设备带故障运行。

（6）各种液压元件不准擅自调节或拆换。

（7）液压系统中，如发生微小或局部的喷泄现象，应立即停机修理。

（8）液压管连接头应保持清洁，防止尘土或杂物粘连。

二、压接设备维护保养

（一）电动机维护保养

为了保证电动机正常工作，除了按操作规程正常使用、运行过程中注意正常监视和维护外，还应该进行定期检查，做好电动机维护保养工作。这样可以及时消除隐患，防止故障发生，保证电动机安全可靠地运行。定期维护的时间间隔可根据电动机的形式考虑使用环境决定。

定期维护要求如下：

（1）清洁电动机。及时清除电动机机座外部的灰尘、油泥。如使用环境灰尘较多，最好每天清扫一次。

（2）检查接线盒接线螺栓是否松动、烧伤，接地线是否良好。

（3）检查各固定部分螺栓，包括连接螺栓、端盖螺栓、轴承盖螺栓等，将松动的螺母拧紧。

（4）检查皮带轮或联轴器有无损坏，安装是否牢固；皮带及其联结扣是否完好。

（5）轴承的检查与维护。轴承在使用一段时间后应该清洗，更换润滑脂或润滑油。清洗和换油的时间，应随电动机的工作情况、工作环境、清洁程度、润滑剂种类而定，一般每工作3~6个月，应该清洗一次，重新换润滑脂。油温较高时，或者环境条件差、灰尘较多的电动机要经常清洗、换油。

（6）电动机运行一年后宜大修一次。对电动机进行全面检查和维护，更换或修复损坏元件。消除电动机内外的灰尘、污物，检查绝缘情况，清洗轴承并检查其磨损情况。

（二）汽油机维护保养

1. 汽油机油位检查

检查汽油机机油油位时关闭汽油机，并使其处于水平平面。

（1）卸下并擦净机油尺。

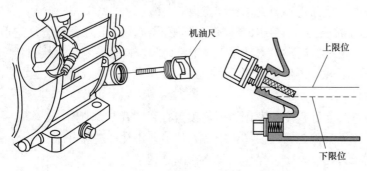

（2）把机油尺插入加油口，但不要拧旋它，从机油尺上读出机油油位。

（3）如果油位低于下限位，加入推荐使用的机油至加油口上限位。

（4）装回并拧紧机油尺。

机油油位图如图3-30所示。

图3-30　机油油位图

注意事项：在机油不足的情况运行汽油机，会引起汽油机严重破坏。如果油位低于安全线时，机油报警系统会自动关停汽油机。为避免意外关停造成的不便，在运行前检查汽油机机油油位。

2. 更换机油

当机油机还是热的时候进行放油，这样可以保证机油迅速彻底排放。

（1）拿一个合适的容器放在汽油机下边，然后拧下机油尺、放油螺栓，把机油排放在容器中。

（2）将使用过的机油彻底放完，装回放油螺栓并把它拧紧。按符合环境保护的方法处置废机油和容器。

（3）把汽油机置于水平平面，从加油口注入推荐机油。

（4）拧紧机油尺。

更换机油示意如图3-31所示。

注意事项：在机油量不足的情况下运行机油机，将会引起汽油机严重损坏。油位低于安全线时，机油报警系统（选配类型）自动关停汽油机。为了避免意外关停造成的不便，将机油加至油位上限并定期检查。

3. 空气滤清器检查

拆开空气滤清器外壳，检查空气滤清器，清洗或更换脏的空气滤清器芯，将损坏的换掉，如果配有油浴式空气滤清器，也要检查油位。

4. 空气滤清器保养

一个脏的空气滤清器芯会阻止空气进入化油器，从而降低汽油机性能，如果汽油机在灰

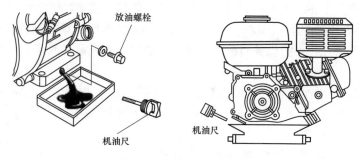

图 3-31　更换机油示意图

尘很大的地方运行，则要加强保养而不是按照保养日期时期进行保养。

注意事项：决不要在无空气滤清器的情况下运转汽油机，也不能在空气滤清器芯损坏或脏东西进入汽油机情况下运行，这样会加速汽油机损坏。

（1）双重式滤芯型滤清器。

1）从空气滤清器盖上卸下蝶形螺母，卸下空气滤清器外罩。

2）卸下空气滤清芯上的蝶形螺母，取下油芯。

3）从纸质滤芯上取下泡沫滤芯。

4）检查纸质滤芯和泡沫滤芯，如果已损坏，予以更换，更换纸质滤芯的频率按保养要求执行。

双重式滤芯型滤清器示意如图 3-32 所示。

5）清洁空气滤清器滤芯。对于纸质滤芯，在硬平面上轻轻敲打滤芯，以去掉上面堆积的尘土，或用高压气流从里往外吹，决不要用刷子来刷尘土，刷子会把尘土挤压进纤维中去。

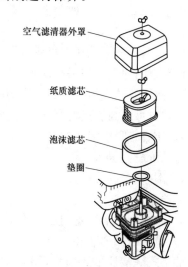

图 3-32　双重式滤芯型滤清器示意图

6）用一块湿抹布抹去空气滤清器内底部和盖子的灰尘，注意不要让灰尘进入连接化油器的空气管。

7）把泡沫滤芯放在纸质滤芯上，重新装回空气滤清器，确保垫圈在空气滤清器芯的下方位置，拧紧空气滤清器蝶形螺母。

8）重新装回空气滤清器外罩，拧紧外罩上的蝶形螺母。

（2）半干式滤清器。

1）卸下蝶形螺母和空气滤清器外罩，取出滤芯。

2）用不易燃或高燃点的溶剂清洗滤芯，并让其干透。

3）让滤芯吸浸清洁汽油，再把机油挤净。

4）装回滤芯和空气滤清器外罩。

半干式滤清器示意如图 3-33 所示。

（3）焦尘式滤清器。

1）卸下蝶形螺母和空气滤清器外罩，取出滤芯并把它

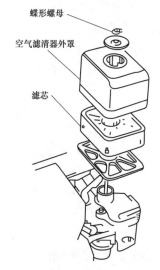

图 3-33　半干式滤清器示意图

们分开，仔细检查两个滤芯是否有洞或撕裂的地方。如果有损坏，应进行调换。

2）泡沫滤芯：用肥皂温水清洗，漂净并干透；或者用高燃点溶剂清洗，并让其干透。让滤芯吸浸清洁的汽油，再把机油挤净。如果有过多的机油残留在泡沫上，汽油机在刚启动阶段会冒烟。

3）纸质滤芯：在硬平面上轻轻敲打滤芯，以去掉上面堆积的尘土；或用高压气流从里往外吹，决不要用刷子来刷尘土，刷子会把尘土挤压进纤维中。如果滤芯非常脏应进行调换。

4）清洁集尘罩：若集尘罩变脏，卸下 3 个特制的平头螺丝，用水进行清洗，并干燥，小心装回。重新装回集尘罩时，要保证空气入口突出部位正好嵌进预清洁器盖上的槽内，以正确的方向小心安装空气导向部件。

焦尘式滤清器示意如图 3-34 所示。

（4）油浴式滤清器。

1）卸下蝶形螺母和空气滤清器外罩，取出滤芯并把它们分开，仔细检查两个滤芯是否有洞、撕裂的地方。如果有损坏，应进行调换。

2）泡沫滤芯：用家用的洗涤剂溶液和温水进行清洗，然后彻底漂净；或者用不易燃溶剂清洗，也可用高燃点溶剂进行清洗，洗后使滤芯干透。

3）让滤芯吸浸清洁的汽油，再把机油挤净。如果有过多的机油残留在泡沫上，汽油机在刚启动阶段会冒烟。

4）倒净空气滤清器盒内的油，用不易燃或高燃点的溶剂彻底清洗沉积的尘土。干燥空气滤清器盒。

5）在空气滤清器盒内注入用于汽油机的相同润滑油，至油位标记。

6）重新装回滤芯和外罩。

油浴式滤清器示意如图 3-35 所示。

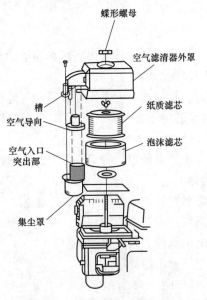

图 3-34　焦尘式滤清器示意图

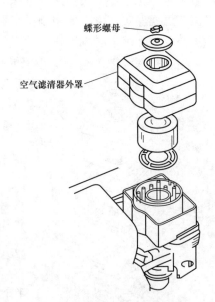

图 3-35　油浴式滤清器示意图

5. 沉淀杯清洁

（1）把燃油开关关掉，卸下沉淀杯和 O 形圈。

（2）用不易燃烧的溶剂清洗沉淀杯和 O 形圈，然后彻底清洗干净。

（3）把 O 形圈放回燃油管内，装回沉淀杯，坚固好。

（4）把燃油开关扳到开位置，检查是否渗油，如有，换掉 O 形圈。

沉淀杯清洁示意如图 3-36 所示。

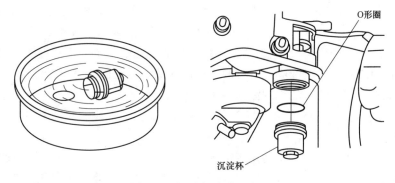

图 3-36　沉淀杯清洁示意图

6. 火花塞保养

（1）把火花塞帽拆开，将火花塞周围的脏物除掉。

（2）用火花塞专用套筒扳手卸下火花塞。

（3）检查火花塞，如果有明显磨损或者绝缘体有裂缝或缺损，应进行更换；如果要继续使用，可以用钢丝刷进行清洁。

（4）用厚薄规测量火花塞的间隙，如果需要应进行调整，正确的间隙在 0.07～0.08mm 之间。

（5）为防止螺纹滑牙，用手小心把火花塞重新装回。

火花塞示意如图 3-37 所示。

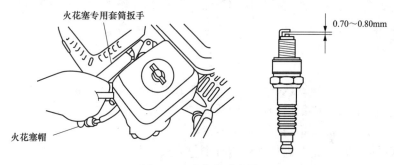

图 3-37　火花塞示意图

7. 怠速调整

（1）在户外启动汽油机，并预热至正常运转时所需要的温度。

（2）节气门手柄置于最低速度位置。

（3）调节节气门止动螺栓以获得标准怠速，标准怠速为 1440r/min。

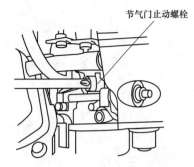

节气门止动螺栓

图 3-38　怠速调整示意图

怠速调整示意如图 3-38 所示。

（三）液压泵日常维护及保养

（1）液压油。液压机械主要是用液压油传递动力和能量的，因此对液压油的品质要求较高，建议使用 46 号抗磨液压油，不能使用其他机械油及润滑油。

1）工作油液的使用温度最高为 60℃，工作时间长、使用压力大是液压油温升大的主要原因。如油温超过 60℃应停机检查。查明原因排除故障后方可重新开机，否则会损坏系统中液压元件，特别是密封件。

2）油液必须清洁，一般都应严格过滤方可注入油箱。油面不得低于油标下限。

3）日常检查：应该注意油箱的油量、油质。如油量不足的应及时补充油液，以免运行时油泵吸入空气造成压力和动作不稳定；如发现油液乳化、混浊的应马上更换，以免损伤油泵及液压系统。

4）液压油其他注意事项：正常使用情况下，一般液压油使用一年更换一次，其中新机第一次使用的油液，应在使用两个月后全部放出过滤再注入油箱。如发现油液乳化、混浊不透明或有胶质黏糊现象等，应马上换油，并寻找原因。

（2）柱塞偶件、快速接头等活动部位应保持清洁及润滑，开机前应把活动面上的沙尘脏物抹干净后加足润滑油。

（3）油泵的吸油口滤油器应经常清洗检查，避免堵塞。若发现穿洞的应更换新的滤油器，以保证吸油的畅顺以及过滤精度。

（4）不准使用有缺陷的压力表或在无压力表的情况下工作或调压。

（5）当液压系统某部位产生故障时（如油压不稳、油压太低、振动等），要及时分析原因并处理，不要强行运转，避免造成事故。

（6）经常检查和定期紧固管件接头、法兰盘等，以防松动。对高压软管要定期进行更换。

（7）定期更换密封件，密封件的使用寿命一般为 1~2 年。

三、运输及保管

1. 运输

（1）运输途中压接设备的汽（柴）油尽可能放干净。

（2）设备必须有良好固定措施，以防碰撞。

（3）设备装车应正放，不得倒放和横放。

（4）液压泵站、压接钳及高压油管应分别包装摆放。

2. 保管

（1）压接机应放置在通风、无腐蚀气体的仓库内，地面平整、清洁。

（2）保存过程中，应定期检查，保证机件不被腐蚀。每 3 个月启动 1 次，每次运转 5~10min。

（3）压接机在室外存放期间，应放置在干燥处遮盖，以防灰防潮。

四、压接机具常见故障及处理方法

压接机具常见故障及处理方法见表 3-16。

表 3-16　　　　　　　　　　　　压接机具常见故障及处理方法

常见故障	故障原因	处理方法
无油输出、 无压力	高压管破损	更换
	传动健损坏	修复/更换
	齿轮泵损坏	更换
	传动轴损坏	更换
有油输出、 无压力	溢流阀损坏	更换
	溢流阀前座损坏	更换
	压力表损坏	更换
	换向阀芯 O 形圈损坏（进油处）	更换
有油输出、 压力低 （调整无反应）	溢流阀针会阀座失效	更换/修复
	压接钳 O 形密封损坏	更换
	高低压切换轴密封圈损坏	更换
	柱塞泵螺钉中心螺钉松或断裂	更换
输出压力、 两边不等	换向阀盘失效	更换/修复
	换向阀平面轴承垫片损坏	更换
	换向阀芯表面失效	更换
	换向阀芯 O 形圈损坏	更换
压力正常、 速度慢	齿轮泵进油口过滤网堵塞	清洗/更换
	控制板高压区的单向阀失效	更换特殊钢球/修复痤
	齿轮泵磨损	更换/修复
	快换接头有问题（不能完全打开）	更换/修复
	高压管有裂纹或高压管接头处渗油	更换/修复
	齿轮泵出油口与控制板之间的 O 形圈损坏	更换/修复
油温高了压力 下降明显	柱塞泵耦件损坏	更换
	柱塞泵密封内泄	更换
	液压油变质	更换
压接钳活塞 上下不正常用	快换接头有问题（不能全打开）	更换/修复

第四章 | 导线的钳压连接

钳压是一种传统可靠的压接方法，操作简单、使用方便，在配电线路施工中得到了广泛的应用。钳压连接的主要原理是利用钳压器的杠杆或液压顶升的方法，将力传给钳压钢模，把被连接导线端头和钳压管一起压成间隔状凹槽，借助压接管管壁和导线局部变形，获得摩擦阻力，从而达到导线接续的目的。钳压连接适用于中小截面导线的直线接续。根据导线结构的不同，钳压连接有铝绞线接续管的钳压连接、钢芯铝绞线接续管的钳压连接以及绝缘导线接续管的钳压连接等。

第一节 钳压连接的基本要求

在线路施工检修过程中，导线的制造长度与现场的实际需要往往有所不同，常常会涉及导线的连接。导线连接是架空线路施工中一项主要的隐蔽工序，确保导线连接的质量是线路安全运行的重要保证。在导线连接的过程中操作人员应遵守相关的规定。

一、对操作人员的基本要求

（1）压接操作人员必须经过培训并考试合格、持有压接操作许可证方能进行操作。

（2）压接设备使用人员必须熟悉设备的各项基本功能；掌握正确的设备使用方法，能熟练操作各类压接设备。

（3）压接操作辅助作业人员，必须在持有压接操作许可证的操作人员的指导下参与辅助工作。

（4）压接操作人员在操作前还应掌握以下内容：

1）导线的规格型号及有关参数；

2）所用接续管的结构尺寸；

3）导线的性能对压接施工的要求；

4）压接应达到的额定工作压力；

5）各类压接管、导线的标记尺寸；

6）压接设备的性能参数及压模的结构尺寸；

7）压接管压后的尺寸和测量方式等有关规定。

二、导线钳压连接时应符合的规定

（1）接续管型号与导线的规格应匹配，不得使用不同规格、不同材料制作的接续管。在同一条线路施工或检修过程中，接续管的使用尽可能使用同一规格、同一批次的材料。

（2）压口的数量及压后尺寸应符合相应的规程规定。

（3）压口位置和压接操作顺序应按铝绞线、钢芯铝绞线、绝缘导线等不同类别的材料的要求进行。

（4）钳压后导线两端头外露长度应根据导线规格的不同而有所差异，但不宜小于20mm，铝衬垫露出管外长度应相等；导线端头绑线应保留。

（5）压接后的接续管弯曲度不应大于管长的2％，有明显弯曲时应校正。

（6）压接后或校直后的接续管不应有裂纹。

（7）压接后接续管两端附近的导线不应有灯笼、抽筋等现象。

（8）压接后接续管两端出口处、合缝处及外露部分、应涂刷电力复合脂。

（9）压后尺寸，铝绞线钳接续管偏差不超过±1mm，钢芯铝绞线偏差不超过±0.5mm。

第二节　铝绞线接续管的钳压连接

一、钳压连接的准备

1. 工器具的准备

铝绞线接续管的钳压连接的工器具主要有钳压器、钢模、钢丝刷、钢板尺、钢卷尺、精度不低于0.1mm游标卡尺、硬木锤、硬木板、铝锉刀、断线钳、毛刷、记号笔、清洁盘、围栏、消防设备等。

2. 材料的准备

铝绞线接续管钳压连接的材料有需压接的铝绞线、钳压接续管JT-××L、汽油、电力脂、细铁丝、棉纱线防锈漆等。

二、铝绞线钳压连接步骤

1. 压接前的检查与清洁

（1）检查钳绞线接续管及导线。压接前，压接操作人员要仔细核对所用压接管的规格是否与所要连接的导线相匹配，检查压接管外观是否符合要求，测量压接管各部件尺寸是否满足误差要求，有没有裂纹、毛刺、弯曲（其弯曲度不得超过管长的1％）、变形等现象。

（2）检查钳压器和钢模。检查机具是否齐全完好，复核钢模尺寸，按导线类型和规格选择相应的钳压钢模，调整钳压器止动螺栓，使两钢模间椭圆槽的长径比钳压管压后标准直径D小0.5～1.0mm。

（3）导线及钳压接续管的清洁。用钢丝刷子将导线连接部分的表面污垢清除干净，再用汽油清洁擦干，擦洗长度为钳接续管长的1.2倍，如连接的铝绞线端头有损伤、变形、缺股时，应切除这部分不符合要求的导线。当导线表面有氧化膜时应用细钢丝刷子清除干净，将净化并晾干后的导线连接部分的外层铝线股涂一层导电脂后待用。用汽油将钳压接续管内壁清洁干净，已清洁干净的钳压接续管应放置在清洁干燥处。

2. 钳压接续管的画印

（1）钳压接续管压接前，应按相应导线的规格查表提取对应的钳压压口数目及钳压部位尺寸。按钳压部位尺寸和压口数，在钳压接续管上划出压口的准确部位。划好印记后在压接管上标出压口的压接顺序。画印时交替两模之间的距离按钳压部位尺寸要求均匀对称分布。当实际管长与标准管长有误差时，误差值应均匀分配到管的两端，即两端的 a_2、a_3 平均。铝绞线压接画印示意如图 4-1 所示。

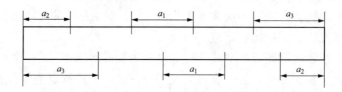

图 4-1　铝绞线压接画印示意图

（2）铝绞线的钳压位置和尺寸要求。钳压连接后的压模位置、压后尺寸和压模数目应符合表 4-1 的要求。

表 4-1　　　　　　　　　常用铝绞线钳压压口数目及压后尺寸　　　　　　　　　mm

导线型号	钳压部位尺寸			压后尺寸 D	压口数
	a_1	a_2	a_3		
JL-16	28	20	34	10.5	6
JL-25	32	20	36	12.5	6
JL-35	36	25	43	14.0	6
JL-50	40	25	45	16.5	8
JL-70	44	28	50	19.5	8
JL-95	48	32	56	23.0	10
JL-120	52	33	59	26.0	10
JL-150	56	34	62	30.0	10
JL-185	60	35	65	33.5	10

3. 钳压接续管的穿管

将清洁好后并涂上导电脂的两导线端头相对穿入钳压接续管内，管的两端分别露出导线30～50mm（具体按压接导线截面大小取值）。钳压接续管两端插入导线的方向应正确，导线应从缺印记的一端插入，从另一端穿出，导线的端头应在有印记（a_2）一侧。铝绞线穿管示意如图 4-2 所示。

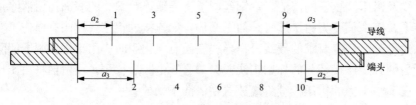

图 4-2　铝绞线穿管示意图

4. 钳压接续管的施压

在进行施压前要再一次复查钢模与导线及钳压接续管的规格。将穿好的钳压接续管放入钳压器的钢模内，按规定顺序进行钳压。铝绞线的压模顺序从一端开始依次向另一端上下交错进行施压，施压时每模压下后停 $20\sim30\text{s}$ 才可松去压力，每一模压后即用游标卡尺检查钳压深度是否满足要求，然后再开始压下一模，直至压完。钳压最后一模必须位于导线切端的一侧，以免线股松散。铝绞线的钳压顺序如图 4-3 所示。

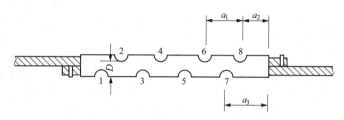

图 4-3　铝绞线的钳压顺序

5. 压后检查和处理

铝绞线钳压施压结束后，要对压接好的接续管进行全面的检查，主要分为外观检查和测量检查。

外观检查主要进行压模的数量核对，检查压接管压后的平直度，压接后不得有明显的弯曲和扭曲。

测量检查主要检查压后尺寸是否符合要求，铝绞线压后尺寸允许偏差为±1.0mm；导线端头露头长度应大于 20mm。

当压后外观检查发现有飞边时要用铝锉去除飞边，并用 0 号砂纸打磨处理；当压后弯曲度大于 2% 时，应用硬木锤进行校直，校直后的接续管严禁有肉眼可见的裂纹。在压接过程中出现压口数量不符合要求、穿管方向错误导致压口位置不合要求、接续管有裂纹、压后尺寸不符合要求且无法补救等情况，均为压接质量不合格，必须锯断重压。

6. 打钢印及填写施工记录

经压后检查和处理后自检合格，必须打上压接人员的钢印，钢印打印位置应选择在不影响压接管性能和标表处，并填写现场施工记录表。

三、铝绞线钳压接续管规格

钳压连接导线时，采用的接续管为椭圆形，其形状如图 4-4 所示，主要规格见表 4-2。

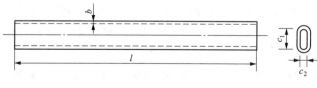

图 4-4　接续管形状

表 4-2　　　　　　　　　　　常用铝绞线钳压接续管规格参数　　　　　　　　　　　　mm

型号	适用导线		b		c_1		c_2		l		质量
	型号	外径	尺寸	公差	尺寸	公差	尺寸	公差	尺寸	公差	(kg)
JT-16L	JL-16	5.10	1.7		12.0		6.0		110		0.02
JT-25L	JL-25	6.36	1.7		14.0	±0.5	7.2	±0.45	120		0.03
JT-35L	JL-35	7.50	1.7		17.0		8.5		140		0.04
JT-50L	JL-50	9.00	1.7	$+0.4$ -0.2	20.0		10.0		190		0.05
JT-70L	JL-70	10.65	1.7		23.2		11.6		210	±4	0.07
JT-95L	JL-95	12.50	1.7		26.8		13.1		280		0.10
JT-120L	JL-120	14.00	2.0		30.0	±0.1 -0.9	15.0	±0.5	300		0.15
JT-150L	JL-150	15.75	2.0		34.0		17.0		320		0.16
JT-185L	JL-185	17.50	2.0		38.0		19.0		310		0.20

第三节　钢芯铝绞线接续管的钳压连接

导线截面面积在 $10\sim240\text{mm}^2$ 之间的钢芯铝绞线（即 JL/G1A-10～ JL/G1A-240 型）的直线接续一般可采用钳压连接。

一、钢芯铝绞线接续管钳压连接的准备

1. 工器具的准备

钢芯铝绞线接续管钳压连接的工器具主要有钳压器、钢模、钢丝刷、钢板尺、钢卷尺、使用精度 0.02mm 的游标卡尺、硬木锤、硬木板、铝锉刀、断线钳、毛刷、记号笔、清洁盘、围栏、消防设备等。

2. 材料的准备

钢芯铝绞线接续管钳压连接的材料有需压接的钢芯铝绞线、钳压接续管 JT-××、汽油、电力脂、防锈漆、细铁丝、棉纱线等。

二、钢芯铝绞线接续管钳压连接的顺序

1. 压接前的检查与清洁

（1）检查钳压接续管及导线。压接前，压接操作人员要仔细核对所用钳压接续管的规格是否与所要连接的导线相匹配，检查压接管外观是否符合要求，测量压接管各部件尺寸是否满足误差要求，有没有裂纹、毛刺、弯曲（其弯曲度不得超过管长的1%）、变形等现象。

（2）检查钳压器和钢模。检查机具是否齐全完好，复核钢模尺寸，必须按导线规格选择相应的钳压钢模，调整钳压器止动螺栓，使两钢模间椭圆槽的长径比钳压管压后标准直径 D 小 $0.5\sim1.0\text{mm}$。

（3）导线及钳压接续管的清洁。用钢丝刷子将导线连接部分的表面污垢清除干净，再用汽油清洁擦干，擦洗长度为钳压接续管长的 1.2 倍，如连接的钢芯铝绞线端头有损伤、变形、缺股时，应切除这部分不符合要求的导线。当导线表面有氧化膜时应用细钢丝刷子清除

干净，将净化并晾干后的导线连接部分的外层铝线股涂一层导电脂后待用。用汽油将钳压接续管内壁清洁干净，已清洁干净的压接管应放置在清洁干燥处。

2. 钳压接续管的画印

(1) 钳压接续管压接前，应按相应导线的规格查表提取对应的钳压压口数目及钳压部位尺寸。按钳压部位尺寸和压口数，在钳压接续管上划出压口的准确部位。划好印记后在压接管上标出压口的压接顺序。画印时交替两模之间的距离按钳压部位尺寸要求均匀对称分布。当实际管长与标准管长有误差时（误差值符合要求的情况下），误差值应均匀分配到管的两端。钢芯铝绞线压接画印示意如图 4-5 所示。

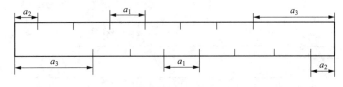

图 4-5　钢芯铝绞线压接画印示意图

(2) 钢芯铝绞线的钳压位置和尺寸要求。钳压连接后的压模位置，压后尺寸和压模数目应符合表 4-3 要求。

表 4-3　　　　　　　　　常用钢芯铝绞线钳压压口数目及压后尺寸　　　　　　　　　　mm

导线型号		钳压部位尺寸			压后尺寸 D	压口数
		a_1	a_2	a_3		
钢芯铝绞线（一）	JL/G1A-10/2	28	8.0	50	11.0	10
	JL/G1A-16/3	28	14	56	12.5	12
	JL/G1A-25/4	30	22.5	67.5	14.5	14
	JL/G1A-35/6	34	42.5	93.5	17.5	14
	JL/G1A-50/8	38	48.5	105.5	20.5	16
	JL/G1A-70/10	46	54.5	123.5	25.0	16
	JL/G1A-95/15	54	61.5	142.5	29.0	20
	JL/G1A-95/20	54	61.5	142.5	29.0	20
	JL/G1A-120/7	74	66.5	177.5	30.5	20
	JL/G1A-120/20	62	67.5	160.5	33.0	24
钢芯铝绞线（二）	JL/G1A-150/8	64	70	166	33.0	24
	JL/G1A-150/20	64	70	166	33.6	24
	JL/G1A-150/25	64	70	166	36.0	24
	JL/G1A-185/10	72	70	178.0	36.5	24
	JL/G1A-185/25	66	74.5	173.5	39.0	26
	JL/G1A-185/30	66	74.5	173.5	39.0	26
	JL/G1A-210/10	68	76	178	39.0	26
	JL/G1A-210/25	68	76	178	40.0	26
	JL/G1A-210/35	68	76	178	41.0	26
	JL/G1A-240/30	62	68.5	161.5	43.0	14×2
	JL/G1A-240/40	62	68.5	161.5	43.0	14×2

3. 钳压接续管穿管

清洁好后并涂上导电脂的两导线端头相对穿入钳压接续管内，穿管时两个导线端头先后穿入，铝衬垫最后穿入；导线两端以细铁丝绑扎，以防导线散股，管的两端分别露出导线30～50mm（具体按压接导线截面大小取值）。穿铝衬垫时，应贴着导线并顺直，一手扶着铝衬垫，另一手慢慢地将铝衬垫推入管中，穿铝衬垫时不能用力过大，防止铝衬垫弯曲难以推入。钳压接续管两端插入导线的方向应正确，导线应从缺印记的一端插入，从另一端穿出，穿管时应将一端导线先穿，待铝衬垫放入好后再另一端穿入导线，导线的端头应在有印记（a_2）一侧。钢芯铝绞线穿管示意如图4-6所示。

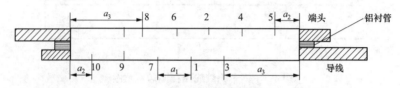

图4-6 钢芯铝绞线穿管示意图

4. 钳压接续管施压

在进行施压前要再一次复查钢模与导线及钳压接续管的规格。将穿好的钳接续管放入钳压器的钢模内，按规定顺序进行钳压。钳压JL/G1A-210型及其以下截面钢芯铝绞线时，用一根钳压接续管连接，其压模顺序自管中央开始向两端交错施压，如图4-7（a）所示。钳压JL/G1A-240型钢芯铝绞线时，使用两根钳压接续管连接，首尾串联，两根压接管间保持15cm的距离，其施压顺序如图4-7（b）所示。施压时每模压下后停20～30s才可松去压力，并用游标卡尺检查钳压深度是否满足要求，然后再开始压下一模，直至压完。钳压最后一模必须位于导线切端的一侧，以免线股松散。

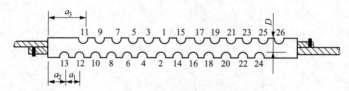

(a) 钳压JL/G1A-210型及以下钢芯铝绞线

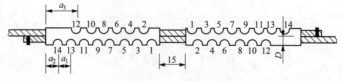

(b) 钳压JL/G1A-240型钢芯铝绞线

图4-7 钢芯铝绞线钳压顺序

5. 压后检查和处理

钢芯铝绞线钳压施压结束后，要对压接好的钳压接续管进行全面的检查，主要分为外观检查和测量检查。

外观检查主要进行压模的数量核对，检查钳压接续管压后的平直度，钳压接续管的弯曲和扭曲程度。压接后钳压接续管两端附近的导线不应有灯笼、抽筋等现象。

测量检查主要检查压后尺寸是否符合要求，钢芯铝绞线压后尺寸允许偏差为±1.0mm；导线端头露头长度不宜小于20mm。

当压后外观检查发现有飞边时要用铝锉去除飞边，并用0号砂纸打磨处理；当压后弯曲度大于2%时，应用硬木锤进行校直，校直后的钳压接续管严禁有肉眼可见的裂纹。在压接过程中出现压口数量不符合要求和穿管方向错误导致压口位置不符合要求、钳压接续管有裂纹、压后尺寸不符合要求且无法补救等情况，均为压接质量不合格，必须锯断重压。

6. 打钢印及填写施工记录

经压后检查和处理后自检合格，打上压接人员的钢印，钢印打印位置应选择在不影响压接管性能和标志处，并填写现场施工记录表。

三、钢芯铝绞线钳压接续管的规格

钳压连接导线时，采用的钳压接续管为椭圆形，其规格见表4-4和表4-5。

表4-4　　　　　　　　　　现行标准钢芯铝绞线用的钳接管规格

型号	适用导线		a (mm)	b (mm)		c_1 (mm)		c_2 (mm)		r (mm)	l (mm)	l_1 (mm)	质量 (kg)
	型号	外径 mm		尺寸	公差	尺寸	公差	尺寸	公差				
JT-35	JL/G1A-35	8.40	8.0	2.1	+0.4 −0.2	19	0.45	9.0	0.45	12	340	350	0.17
JT-50	JL/G1A-50	9.60	9.5	2.3		22		10.5		13	420	430	0.23
JT-70	JL/G1A-70	11.40	11.5	2.6		26		12.5		14	500	510	0.34
JT-95	JL/G1A-95	13.68	14.0	2.6	+0.5 −0.3	31	+0.4 −0.9	15.0	0.5	15	690	700	0.52
JT-120	JL/G1A-120	15.20	15.5	3.1		35		17.0		15	910	920	0.91
JT-150	JL/G1A-150	16.72	17.5	3.1		39		19.0		17.5	940	950	1.05
JT-185	JL/G1A-185	19.20	19.5	3.4		43		21.0		18	1040	1060	1.42
JT-240	JL/G1A-240	21.28	22.0	3.9		48		23.5		20	540	550	1.00

注　用于JL/G1A-240钢芯铝绞线时，每个接续点用两个JT-240钳压接续管。

表 4-5 常用钢芯铝绞线用钳压接续压口数目及压后尺寸表

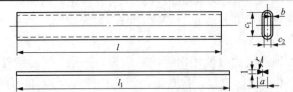

型号	适用导线		主要尺寸（mm）							凹深钳压	模数钳压	质量（kg）
	型号	外径（mm）	a	b	c_1	c_2	r	l	l_1			
JT-10/2	JL/G1A-10/2	4.50	4.0	1.7	11.0	5.0	—	170	180	11.0	10	0.05
JT-16/3	JL/G1A-16/3	5.55	5.0	1.7	14.0	6.0	—	210	220	12.5	12	0.07
JT-25/4	JL/G1A-25/4	6.96	6.5	1.7	16.6	7.8	—	270	280	14.5	14	0.08
JT-35/6	JL/G1A-35/6	8.16	8.0	2.1	18.6	8.8	12.0	340	350	17.5	14	0.17
JT-50/8	JL/G1A-50/8	9.60	9.5	2.3	22.0	10.5	13.0	420	430	20.5	10	0.23
JT-70/10	JL/G1A-70/10	11.40	11.5	2.6	26.0	12.5	14.0	500	510	25.0	10	0.34
JT-95/15	JL/G1A-95/15	13.61	14.0	2.6	31.0	15.0	15.0	690	700	29.0	20	0.52
JT-95/20	JL/G1A-95/20	13.87	14.0	2.6	31.5	15.2	15.0	690	700	29.0	20	0.55
JT-120/7	JL/G1A-120/7	14.50	15.0	3.1	33.0	16.0	15.0	910	920	30.5	20	0.60
JT-120/20	JL/G1A-120/20	15.07	15.5	3.1	35.0	17.0	15.0	910	920	33.0	24	0.91
JT-150/8	JL/G1A-150/8	16.00	16.0	3.1	36.0	17.5	17.5	940	950	33.0		1.05
JT-150/20	JL/G1A-150/20	16.67	17.0	3.1	37.0	18.0	17.5	940	950	33.6	24	1.10
JT-150/25	JL/G1A-150/25	17.10	17.5	3.1	39.0	19.0	17.5	940	950	36.0	24	1.15
JT-185/10	JL/G1A-185/10	18.00	18.0	3.4	40.0	19.5	18.0	1040	1060	36.5	24	1.40
JT-185//25	JL/G1A-185/25	18.90	19.5	3.4	43.0	21.0	18.0	1040	1060	39.0	26	1.42
JT-185/30	JL/G1A-185/30	18.88	19.5	3.4	43.0	21.0	18.0	1040	1060	39.0	26	1.50
JT-210/10	JL/G1A-210/10	19.00	20.0	3.6	43.0	21.0	19.5	1070	1090	39.0	26	1.52
JT-210//25	JL/G1A-210/25	19.98	20.0	3.6	44.0	21.5	19.5	1070	1090	40.0	26	1.58
JT-210/35	JL/G1A-210/35	20.38	20.5	3.6	45.0	22.0	19.5	1070	1090	41.0	26	1.62
JT-240//30	JL/G1A-240/30	21.60	22.0	3.9	48.0	23.5	20.0	540	550	43.0	14	1.00

第四节 绝缘导线的钳压连接

随着我国城市电网改造工作的不断推进及城网建设的迅速发展，为满足城市电网供电的可靠性及电能质量日益提高的要求，自 20 世纪 90 年代初以来在我国大中城市配电网络中普遍采用架空绝缘导线，随着绝缘导线的广泛运用，架空绝缘导线的钳压连接工艺方法也得到了普遍的运用。

一、绝缘导线钳压连接的一般要求

（1）绝缘导线连接不允许缠绕，应采用专用的线夹、接续管连接。

（2）不同金属、不同规格、不同绞向的绝缘导线，无承力线的集束线严禁在档内做承力连接。

（3）在一个档距内，分相架设的绝缘导线每根只允许有一个承力接头，接头距绝缘导线固定点的距离不应小于 0.5m，低压集束绝缘线非承力接头应相互错开，各接头端距不小于 0.2m。

（4）铜芯绝缘线与铝芯或铝合金芯绝缘线连接时，应采取铜铝过渡连接。

（5）剥离绝缘层、半导体层应使用专用切削工具，不得损伤导线。切口处绝缘层与线芯宜有 45°倒角。

（6）绝缘线连接后必须进行绝缘处理。绝缘线的全部端头、接头都要进行绝缘护封，不得有导线、接头裸露，防止进水。

（7）中压绝缘线接头必须进行屏蔽处理。

二、绝缘导线的钳压连接

截面为 240mm² 及以下的铝线芯绝缘线接头宜采用钳压法施工。

（一）绝缘导线钳压连接前的准备

1. 工器具的准备

绝缘导线钳压连接的工器具主要有钳压器、钢模、钢板尺、钢卷尺、使用精度 0.02mm 的游标卡尺、硬木锤、硬木板、断线钳、铝锉刀、钢丝刷、软毛刷、记号笔、清洁盘、防潮垫、绝缘层切削工具燃气喷枪、消防设备、安全围栏等。

绝缘层切削工具必须使用专用切削工具。

2. 材料的准备

绝缘导线钳压连接的材料有需压接的铝线芯绝缘线、钳压接续管 JT-××、绝缘护套（辐射交联热收缩管护套或预扩张冷缩绝缘套管）、半导体自粘带、汽油、电力脂、防锈漆、细铁丝、棉纱线等。

（二）架空绝缘导线钳压连接的顺序

1. 压接现场的布置

在条件允许情况下，压接现场尽可能设置在平坦的地面上，并设置好安全围栏等防护措施（塔上压接时要做好压接设备的安全固定工作，并做好防高空落物、防坠落等安全措施）。把工器具摆放在防潮垫上，把汽油装在清洁盘中，根据不同绝缘导线型号选取相应的压接管及压模，并放置在防潮垫上备用。

2. 压接前的检查及绝缘导线绝缘层剥除与清洁

（1）钳压接续管及绝缘导线的检查核对。压接前，压接操作人员要仔细核对所用接续管的规格是否与所要连接的绝缘导线相匹配；检查接续管外观是否符合要求，有没有裂纹、毛刺、弯曲（其弯曲度不得超过管长的 1%）、变形等现象，测量压接管各部件尺寸是否满足误差要求；检查绝缘导线的规格型号、导线绝缘层的特点及要求；检查绝缘导线两端头绝缘层是否完好，有无受潮、破损、油污等现象。

（2）检查钳压器和钢模。检查压接设备机具是否齐全、完好，复核钢模尺寸，必须按绝缘导线的铝线芯截面的规格选择相应的钳压钢模，调整钳压器止动螺栓，使两钢模间椭圆槽的长径比钳压接续管压后标准直径 D 小 0.5～1.0mm。

（3）绝缘导线绝缘层的剥除及清洁。当绝缘导线端头有污秽、破损、受潮等情况时应切除这部分绝缘导线。两人配合，用绝缘导线专用切削工具将导线绝缘层剥去，在剥除导线绝缘层过程中不得伤及铝导线。剥离长度比接续管长 60～80mm，切口处的绝缘层与线芯宜有 45°倒角。剥除导线绝缘层后用钢丝刷子将导线连接部分的表面污垢清除干净，再用汽油清洁擦干，如连接的绝缘导线端头在剥除绝缘层过程中有损伤、变形时，应切除这部分不符合要求的导线，重新进行切割。当导线表面有氧化膜时应用细钢丝刷子清除干净。将净化并晾干后的导线连接部分的外层铝线股涂一层导电脂后待用。

（4）钳压接续管喇叭口的处理及清洁。由于绝缘导线接续管压接后要进行绝缘处理，因此当使用的接续管管口有喇叭形状时，要将钳压管的喇叭口锯掉并处理平滑；然后用汽油将钳压连接续管内壁清洁干净。清除接续管内壁的污垢，可以用较小的软毛试管刷棉纱线等进行清洁，已清洁干净的钳压接续管应放置在清洁、干燥处。

清洁完毕后应将用过的汽油装回油桶内，放置在安全的地方。

3. 钳压接续管的画印

（1）钳压接续管压接前，应按相应的绝缘导线的规格查找资料提取对应的钳压压口数目及钳压部位尺寸。按钳压部位尺寸和压口数，在钳压接续管上划出压口的准确部位。画好印记后在钳压接续管上标出压口的压接顺序。所划的印记要清晰且垂直，画印时交替两模之间的距离按钳压部位尺寸要求均匀对称分布。当实际管长与标准管长有误差时（误差值符合要求的情况下），误差值应均匀分配到管的两端。铝绞线压接画印示意如图 4-8 所示。

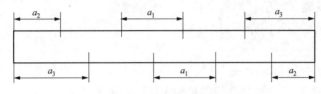

图 4-8　铝绞线压接画印示意图

（2）绝缘导线钳压的位置和尺寸要求。钳压连接后的压模位置、压后尺寸和压模数目应符合表 4-1 的要求。

4. 钳压接续管穿管

将清洁好后并涂上导电脂的两绝缘导线端头相对穿入钳压接续管内，穿管时先穿一端，然后再穿第二端，管的两端分别露出导线 30～50mm（具体按压接导线截面大小取值）；如果有铝衬垫时，最后穿铝衬垫。钳接管两端插入导线的方向应正确，导线应从缺印记的一端插入，从另一端穿出，导线的端头应在有印记（a_2）一侧，如图 4-9 所示。

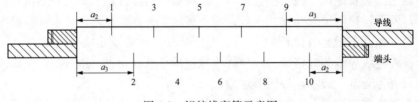

图 4-9　铝绞线穿管示意图

5. 钳压接续管施压

在施压前要再次对钢模及钳压接续管的规格进行复查核对。将穿好的钳压接续管放入钳压器的钢模内，压接时钢模应对好所画线点，一人操作压接钳，另一人扶好压接钳头部及铝接续管，按规定顺序进行钳压。铝绞线的压模顺序从一端开始依次向另一端上下交错进行施压，施压时每模压下后停 20～30s 才可松去压力，并用游标卡尺检查钳压深度是否满足要求，然后再开始压下一模，直至压完。钳压最后一模必须位于导线切端的一侧，以免线股松散。铝绞线的钳压顺序如图 4-10 所示。

6. 压后检查和处理

铝绞线钳压施压结束后，要对压接好的接续管进行全面的检查，主要分为外观检查和测量检查。

外观检查主要进行压模的数量核对，检查接续管压后的平直

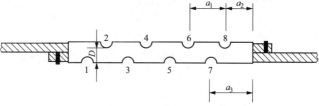

图 4-10　铝绞线的钳压顺序

度，压接后不得有明显的弯曲和扭曲，压接后的接续管两端际导线不应有抽筋、灯笼等现象。

测量检查主要检查压后尺寸是否符合要求，铝绞线压后尺寸允许偏差为 ±1.0mm；导线端头露头长度应大于 20mm。

当压后外观检查发现有飞边时要用铝锉去除飞边，并用 0 号砂纸打磨处理；当压后弯曲度大于 2% 时，应用硬木锤进行校直，校直后的接续管严禁有肉眼可见的裂纹。在压接过程中出现压口数量不符合要求、穿管方向错误导致压口位置不合要求、接续管有裂纹、压后尺寸不符合要求且无法补救等，均为压接质量不合格，必须锯断重压。

7. 绝缘处理

绝缘导线接续管压好后要进行绝缘处理。将需进行绝缘处理的部位清洁干净，在接续管两端口至绝缘层倒角间用绝缘黏带缠绕成均匀弧形，然后进行绝缘处理。绝缘处理方法是在接头处安装辐射交联热收缩管护套或预扩张冷缩绝缘套管（统称绝缘护套）。绝缘护套管径一般应为被处理部位接续管的 1.5～2.0 倍。中压绝缘线使用内外两层绝缘护套进行绝缘处理，低压绝缘线使用一层绝缘护套进行绝缘处理。有导体屏蔽层的绝缘线的承力接头，应在接续管外面先缠绕一层半导体自粘带和绝缘线的半导体层连接后再进行绝缘处理。每圈半导体自粘带间搭压带宽的 1/2。

（1）辐射交联热收缩管护套的安装。

1）加热工具使用丙烷喷枪，火焰呈黄色，避免蓝色火焰。一般不用汽油喷灯，若使用时，应注意远离材料，严格控制温度。

2）将内层热缩护套推入指定位置，保持火焰慢慢接近，从热缩护套中间或一端开始，使火焰螺旋移动，保证热缩护套沿圆周方向充分均匀收缩。

3）收缩完毕的热缩护套应光滑、无皱折，并能清晰地看到其内部结构轮廓。

4）在指定位置浇好热熔胶，推入外层热缩护套后继续用火焰使之均匀收缩。

5）热缩部位冷却至环境温度之前，不准施加任何机械应力。

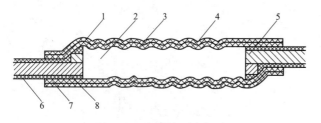

图 4-11　绝缘处理示意图

1—绝缘黏管；2—钳压接续管；3—内层绝缘护套；4—外层绝缘护套；
5—导线；6—绝缘层倒角；7—热熔胶；8—绝缘器

（2）预扩张冷缩绝缘套管的安装。将内外两层冷缩管先后推入指定位置，逆时针旋转退出分瓣开合式芯棒，冷缩绝缘套管松端开始收缩。采用冷缩绝缘套管时，其端口应用绝缘材料密封。绝缘处理示意如图 4-11 所示。

8. 打钢印及填写施工记录

经压后检查和处理后自检合格，在接续管上打上压接人员的钢印。并填写现场施工记录表。

第五节　钳压连接的安全技术要求

（1）切割导线时应与轴线垂直，并将导线用细铁线绑扎 2～3 圈，以防松散。穿管时应顺着导线的绞制方向穿入，防止松股。向铝管内插线应防止线头伤人。

（2）在施压前应复检钳压接续管压模位置画印标记，确认无误后方可进行。

（3）钳压用的钢模，上模（定模）和下模（动模）有固定方向时不得放错，液压钳放置应平稳、牢靠，操作人员不得处于液压钳顶盖上方或前方（卧式液压钳）。在压接过程中禁止将手指伸入压模内。

（4）钳压时应将钳压接续管两侧的导线端平，以防压完后钳压接续管弯曲或开裂；压后或校直后的钳压接续管不应有裂纹。钳压最后一模必于导线切端的一侧，以免线股松散。

（5）压完每一模后，应用卡尺检查钳压深度是否满足要求，合格后方可继续操作。

（6）导线两端头绑线应保留，钳压接续管两端附近的导线不应有灯笼、抽筋等现象。

（7）钳压后，钳压接续管两端出口处、合缝处及外露部分，应涂刷电力复合脂。

第五章

常用导地线的液压连接

液压连接是用液压机和相匹配的钢模把接续管与导线或地线连接起来的一种施工工艺。液压连接一般适用于镀锌钢绞线和较大截面的钢芯铝绞线及铝合金绞线等类似常规绞线。

第一节　导地线液压连接的基本要求

一、液压连接时应遵循的基本要求

（1）导地线连接是架空输电线路施工中的一项重要隐蔽工序，操作人员必须经过培训并有操作许可证方能进行操作。

（2）架线施工前，应由技术部门组织压接人员及其他相关人员进行导地线连接试验，试件送有资质的检测部门检验。

（3）所使用的压接设备必须符合作业指导书的要求，计量准确、有效、运转正常。

（4）每个工程必须编制《导地线液压施工作业指导书》，并进行技术交底。指导书至少应包括下列有关内容：

1）导地线的规格及有关数据；

2）所采用液压管的外形与尺寸（包括公差）；

3）各种管子压前在导线与地线上的定位印记尺寸；

4）耐张管钢锚环与铝管引流板相对方位的要求；

5）压模型号、压接管压后尺寸及质量补充要求；

6）液压时，油压机必须达到的额定工作压力；

7）对液压施工的其他有关特殊要求。

（5）导地线受压部分应平整、完好，不得有砂眼、气孔、裂纹等缺陷。

（6）导地线的压接部分应在切割前进行调直，每端调直长度应大于压接管长度的 2 倍。

二、液压连接时应符合的技术要求

（1）不同材料、不同结构、不同规格、不同绞制方向的导线或架空地线严禁在同一个耐张段内同一相（极）导地线连接。

（2）使用的接续管、耐张线夹及补修管的型号、尺寸必须与被连接的导线或地线规格相匹配。

（3）在一个档距内每根导线或地线最多只允许有 1 个接头和 3 个补修管，而且各类管之间（包括耐张线夹）的距离，不宜小于 15m。

（4）直线接续管或补修管与悬垂线夹的距离一般不小于 5m，直线接续管或补修管与间隔棒的距离不宜小于 0.5m。

（5）连接的导线地线应平整、完好，不得有断股、缺股、折叠、腐蚀等缺陷。

（6）压接过程中，压接钳的缸体应垂直、平稳放置，线材应始终处于水平状态。

（7）设计规定不允许压接的地段不得进行压接。（线路在跨越铁路，公路，一、二级通信线，35kV 及以上电力线，通航河道，管道等重要设施时，不允许有直线接续管）

（8）三层及以下铝线结构绞线铝压接管的外径极限偏差宜符合 GB/T 2314《电力金具通用技术条件》的规定，四层铝线结构绞线 铝压接管的外径极限偏差应小于 0、+0.6mm。

（9）压接管中心同轴度公差应小于 ϕ0.3。

（10）三层及以下铝线结构绞线铝压接管的坡口长度应不小于压接管外径的 1.2 倍；四层及以上铝线结构绞线铝压接管的坡口长度应不小于压接管外径的 1.5 倍，并应设置合理的锥度。

（11）压接管内孔端部应加工平滑的圆角 ，其相贯线处应圆滑过渡。

三、液压压接时应符合的施工工艺要求

（1）切割导线时，应在线头距裁线处 20mm 处用细铁丝绑扎，裁去导线受损部分，并防止导线回弹伤人。

（2）液压时所使用的钢模应与被压管相配套。凡上模与下模有固定方向时，则钢模应有明显标记，不得放错。液压机的缸体应垂直地面，并放置平稳。

（3）导地线耐张管的钢锚环与其铝管引流板的相对方位应明确。

（4）钢锚环与铝管引流板的方向应在钢锚与铝管穿位完成后，用引流板角度朝向控制器对引流板方向进行精确定位。

（5）钢锚环定位：用标记笔自导线或地线，过钢锚管口至钢锚压接部位画一直线，压接时保持导线或地线与钢锚压接部位的标记线在一条直线上。

（6）铝管定位：用标记笔自导线或地线，过铝管管口至铝管上画一直线，压接时保持导线或地线与铝管上的标记线在一条直线上。

（7）导地线引流管板的方向，需根据施工图的要求确定。

（8）引流管穿位完成后，转动引流管至规定的方向，并用标记笔自导线或地线，过引流管管口至引流管压接部位画一直线，压接时保持导线或地线与引流管压接部位的标记线在一条直线上。

（9）压接管放入钢模内时，位置应正确。检查定位印记是否处于指定位置，双手把住管、线后合上钢模的盖子。此时应使导线或地线与压接管保持水平状态，并与液压机轴心相一致，以减少管子受压后产生弯曲。

（10）液压机的操作必须使每模都达到规定的压力且合模，且每模压接应连续完成，不应断断续续；不得以是否合模为压接完成的标准。

（11）钢管施压时相邻两模至少应重叠 5mm，铝管施压时相邻两模至少应重叠 10mm。

（12）各种液压管在第一模压好后应检查压后对边距尺寸，符合标准后再继续进行液压操作。

（13）对钢模应进行定期检查，如发现有变形或磨损现象，应停止使用。

（14）当压接管压完后有飞边时，应将飞边锉掉，同时用 0 号细砂纸将锉过处磨光。管子压完后因飞边过大而使对边距尺寸超过规定值时，应将飞边锉掉后重新施压。

（15）施压部分的接续钢管和耐张钢管压后应涂防锈漆，裸露钢芯端头也应涂防锈漆。

第二节　导地线接续管的液压连接

导地线接续管的液压连接操作主要工序是导地线和接续管的清洁、画印、割线和穿管，最后施压检查。

一、导地线和接线管的清洁

（1）接续管、穿管前应去除飞边、毛刺及表面不光滑部分，用清洁剂（汽油等）清洁压接管内壁，清洁后短期不使用时，应将管口临时封堵并包装。

（2）镀锌钢绞线的压接部分穿管前应清洁干净，清洁长度应大于穿管长度的 1.5 倍，用棉纱擦去镀锌钢绞线液压部分的污垢，如有油垢则用汽油清洁干净，并放置干燥后再进行穿管，未干燥前不得涂电力脂及润滑剂。

（3）钢芯铝绞线表面氧化膜的清除及涂刷电力脂应按如下程序操作：

1）涂电力脂的范围为铝线进入铝管的压接部分；

2）按（2）将外层铝线清洁并干燥后，再将电力脂薄薄地均匀涂上一层，应将外层铝股覆盖；

3）用钢丝（或铜丝）刷沿钢芯铝绞线轴线方向对已涂电力脂部分进行擦刷，擦刷应能覆盖到压后与铝压接管接触的全部铝线表面。

（4）防腐型（轻、中、重型）钢芯铝绞线应用少量清洁剂清洁铝层表面油垢，对涂有防腐剂的钢芯应将污垢擦拭干净，且带防腐剂压接。

（5）清洁运行过的旧导地线，应用钢丝（或铜丝）刷将表面氧化膜污垢清除至原始状态，方可穿管压接。

（6）对于导地线的损伤部位，应将其表面清洁干净，清洁长度应大于损伤部位的 2 倍。在损伤处均匀涂抹电力脂，清刷表面氧化膜，如有断股，应在断股两侧涂刷少量电力脂，再套上补修管带脂压接。

二、画印和穿管操作

（1）镀锌钢绞线接续管有对接和搭接两种结构形式，其画印和穿管步骤分述如下：

1）镀锌钢绞线对接式接续管的画印和穿管见图 5-1，画印和穿管应按下列步骤操作：

a. 用钢卷尺测量接续管的实长 L。自导线端部向内量取 20mm，画绑扎标记于 P，且绑扎牢固。

b. 切割端面向线内量取 $L/2$，分别画定位标记于 A。

c. 在接续管上量取 $L/2$，画中心标记即压接标记于 0。

d. 拆除绑扎，将管顺线的绞制方向旋转推入使管口端面与钢绞线上 A 重合；然后，将另一根钢绞线释放扭力后顺绞制方向旋转推入，与线上 A 重合。

2）镀锌钢绞线搭接式接续管的画印和穿管见图 5-2，自搭接的两地线横端面，向线内侧量取 20mm 画绑扎标记于 P 并绑扎牢固，量取 $L+5mm$，分别画定位标记于 A，拆除绑扎，穿管时与标记 A 重合。

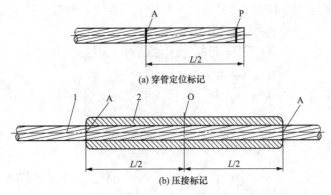

(a) 穿管定位标记

(b) 压接标记

图 5-1 镀锌钢绞线对接式接续管的画印和穿管
1—镀锌钢绞线；2—对接式钢接续管

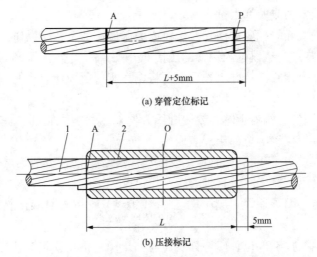

(a) 穿管定位标记

(b) 压接标记

图 5-2 镀锌钢绞线搭接式接续管的画印和穿管
1—镀锌钢绞线；2—搭接式钢接续管

（2）钢芯铝绞线（铝包钢芯铝绞线，钢芯、铝合金绞线等）接续管的钢芯有对接和搭接两种形式，画印和穿管步骤分述如下：

1）钢芯铝绞线钢芯对接式接续管的画印和穿管见图 5-3，操作步骤如下：

a. 测量接续管长度：用钢卷尺测量钢接续管的实长为 L，铝接续管的实长为 L_2，见图 5-3（e）。

b. 绑扎和切割标记［见图 5-3（a）］：用钢卷尺分别自导线端面向内侧量取 $L_1+\Delta_2 L++L_2+50mm$，画绑扎标记于 P_1；量取 $L_1/2+\Delta_2 L+20mm$，画绑扎标记于 P_2；量取 $L_1/2+\Delta_2 L$，画切割标记，正压时导线两端的切割标记为 B_1，倒压时切割标记为 B_2，顺压时导线两端的切割标记为 B_1 和 B_2。

c. 套铝接续管［见图 5-3（b）］：在 P_1 处将绞线旋紧绑扎牢固，将接续管顺铝线绞制方向旋转推入，使其左端面至绑扎 P_1 处。

d. 剥铝线 [见图 5-3（b）]：在 P_1、P_2 处将导线旋紧绑扎牢固后，用切割器（或手锯）在切割标记处分层切断各层铝线。切割内层铝线时，应采取不伤及钢芯的具体措施。用切割器切割后，在 P_2 处将绞线绑扎紧固，自钢芯端部分别向内侧量取 $L_1/2 - \Delta L_1$，画定位标记于 A_1。

e. 穿钢芯管 [见图 5-3（c）]：清洁钢芯，将其顺导线绞制方向向管内旋转推入，并与定位标记 A_1 重合。

f. 钢接续管压接后，量取 A_1A_1 的中心点于 O_1，自 O_1 点分别向外侧量取 $L_2/2$，画正压、倒压定位标记于 A_2，向绞线侧量取 $L_2/2 + \Delta L_2$，画顺压定位标记于 A_5，见图 5-3（c）。量取 O_1B_1 为 L_3，量取 O_1B_2 为 L_4。在补涂电力复合脂后，将铝接续管顺钢绞线绞制方向旋转推入，正压、倒压时两端面与 A_2 重合，顺压时一端面与 A_5 重合，见图 5-3（d）。

g. 在铝接续管上量取 $L_2/2$ 画中心点于 O_2，正压时自 O_2 点分别向外侧量取 L_3，画压接标记于 A_3，见图 5-3（e）。

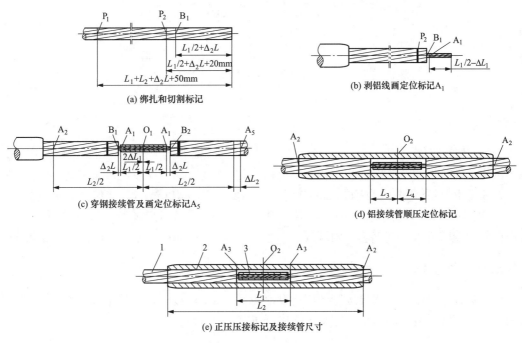

(a) 绑扎和切割标记

(b) 剥铝线画定位标记 A_1

(c) 穿钢接续管及画定位标记 A_5

(d) 铝接续管顺压定位标记

(e) 正压压接标记及接续管尺寸

图 5-3　钢芯铝绞线钢芯对接式接续管的画印及穿管

1—钢芯铝绞线；2—铝接续管；3—钢接续管

2）钢芯铝绞线制芯搭接式接续管的穿管见图 5-4，穿管应按下列步骤操作：

a. 用钢卷尺测量钢接续管的实长为 L_1，铝接续管的实长为 L_2，见图 5-4（e）。

b. 绑扎和切割标记 [见图 5-4（a）]：用钢卷尺分别自导线端由向内侧量取 $L_1 + \Delta_2 L + + L_2 + 50\text{mm}$，画绑扎标记于 P_1；量取 $L_1 + \Delta_2 L + 30\text{mm}$，画绑扎标记于 P_2；量取 $L_1 + \Delta_2 L + 10\text{mm}$，画切割标记为 B_1 和 B_2，正压时两端为 B_1。

c. 套铝接续管 [见图 5-4（b）]：在 P_1 处将绞线旋紧绑扎牢固，将接续管顺铝线绞制方向向内旋转推入，使其左端面至绑扎 P_1 处。

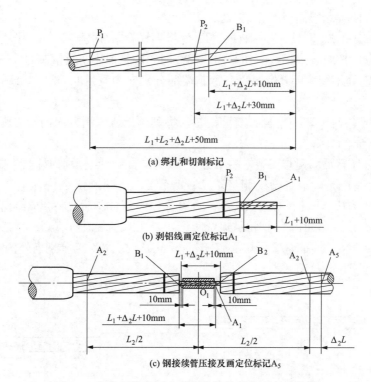

(a) 绑扎和切割标记

(b) 剥铝线画定位标记A₁

(c) 钢接续管压接及画定位标记A₅

图 5-4　钢芯铝绞线钢芯搭接式接续管的画印及穿管
1—钢芯铝绞线；2—铝接续管；3—钢接续管

d. 剥铝线［见图 5-4（b）］：将导线旋紧在 P_1、P_2 处绑扎牢固后，用切割器（或手锯）在切割标记处分层切断各层铝线。切割内层铝线时，应采取不伤及钢芯的措施。用切割器切割后，恢复 P_2 处的绑扎。自钢芯端部分别向内侧量取 L_1+10mm，画定位标记于 A_1。

e. 穿制接续管［见图 5-4（c）］：清洁钢芯，使钢芯呈散股扁圆形，将两端顺铝线绞制方向向管内旋转推入，使钢芯、两端分别伸出铜管端面 10mm，且铜管两端面与 A_1 重合。

三、压接操作

（1）镀锌钢绞线对接式接续管的压接顺序见图 5-5，搭接式接续管的压接顺序见图 5-6。将第一模的压接模具中心与 O 重合，分别依次向管口端施压。

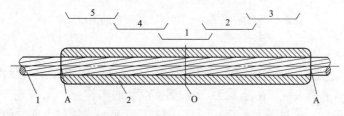

图 5-5　镀锌钢绞线对接式接续管的压接顺序
1—镀锌钢绞线；2—对接钢接续管

（2）钢芯铝绞线（铝包钢芯铝绞线、钢芯铝合金绞线等）对接式接续管的压接顺序见图 5-7，搭接式钢接续管的压接顺序见图 5-8。将第一模的压接模具中心与 O_1 重合，分别依次向管口端施压。

钢芯铝绞线接续管的压接操作顺序见图5-9。正压时第一模压接模具的端面与 A_3 重合，倒压（对于大截面导地线的压接，压接模具宽度小于与 3000kN 压力机配套的模具宽度时，不应采用）、顺压时第一模压接模具的端面与 A_5 重合，分别依次按照图示施压。

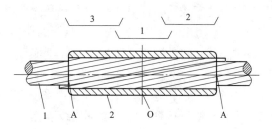

图 5-6　镀锌钢绞线搭接式接续管的压接顺序

1—镀锌钢绞线；2—搭接钢接续管

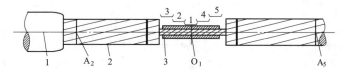

图 5-7　钢芯铝绞线对接式接续管的压接顺序

1—铝接续管；2—钢芯铝绞线；3—钢接续管

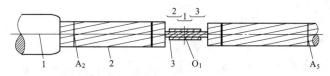

图 5-8　钢芯铝绞线搭接式接续管的压接顺序

1—铝接续管；2—钢芯铝绞线；3—钢接续管

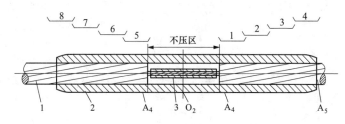

图 5-9　钢芯铝绞线搭接式接续管的压接顺序

1—钢芯铝绞线；2—铝接续管；3—钢接续管

第三节　导地线耐张线夹的液压连接

导地线耐张线夹液压连接的主要工序是清洁、画印、割线和穿管，最后施压检查。

一、耐张线夹、导地线的清洁

（1）耐张线夹使用前应去除飞边、毛刺及表面不光滑部分，用清洁剂（汽油等）清洁压接管内壁，清洁后短期不使用时，应将管口临时封堵并包装。

（2）镀锌钢绞线的压接部分穿管前应清洁干净，清洁长度应大于穿管长度的 1.5 倍，用棉纱擦去镀锌钢绞线液压部分的污垢，如有油垢则应先使用汽油清洁干净，放置干燥后再进行穿管，干燥前不得再涂电力脂及润滑剂。

（3）钢芯铝绞线表面氧化膜的清除及涂刷电力脂应按如下程序操作：

1）涂电力脂的范围为铝线进入铝管的压接部分；

2）按（2）将外层铝线清洁干净并干燥后，再将电力脂薄薄地均匀涂上一层，应将外层铝股覆盖；

3）用钢丝（或铜丝）刷沿钢芯铝绞线轴线方向对已涂电力脂部分进行擦刷，擦刷应能覆盖到压后与铝压接管接触的全部铝线表面。

（4）防腐型（轻、中、重型）钢芯铝绞线，应用少量清洁剂清洁铝层表面油垢，对涂有防腐剂的钢芯应将污垢擦拭干净，且带防腐剂压接。

（5）清洁运行过的旧导地线，应用钢丝（或铜丝）刷将表面氧化膜污垢清除至原始状态，方可穿管压接。

（6）对于导地线的损伤部位，应将其表面清洁干净，清洁长度应大于损伤部位的 2 倍。在损伤处均匀涂抹电力脂，清刷表面氧化膜，如有断股，应在断股两侧涂刷少量电力脂，再套上补修管带脂压接。

二、画印和穿管操作

（1）镀锌钢绞线耐张线夹常用的结构形式有 Ⅰ 型和 Ⅱ 型两种，其穿管步骤分述如下：

Ⅰ 型耐张线夹的穿管见图 5-10，将镀锌钢绞线自管口顺绞线绞制方向旋转推入，直至钢绞线端部露出管口 5mm 为止，在图示位置画压接标记 A_1。

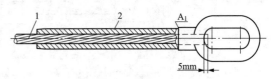

图 5-10　Ⅰ 型耐张线夹的穿管
1—镀锌钢绞线；2—Ⅰ 型耐张线夹

Ⅱ 型耐张线夹的穿管见图 5-11，穿管应按下列步骤操作：

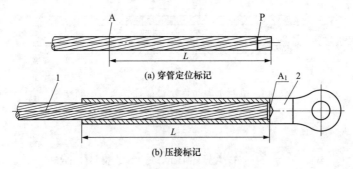

(a) 穿管定位标记

(b) 压接标记

图 5-11　Ⅱ 型耐张线夹的穿管
1—镀锌钢绞线；2—Ⅰ 型耐张线夹

1）用游标卡尺或钢卷尺沿管壁测量耐张线夹内孔的实长 L。自导线端部向内量取 20mm，画绑扎标记于 P，且绑扎牢固。

2）向线内侧量取 L，画定位标记于 A ；从管口端部向拉环侧量取 L，画压接标记于 A_1。

（2）钢芯铝绞线（铝包钢芯铝绞线、钢芯铝合金绞线）典型 Ⅰ 型耐张线夹的穿管见图 5-12，穿管应按下列步骤操作：

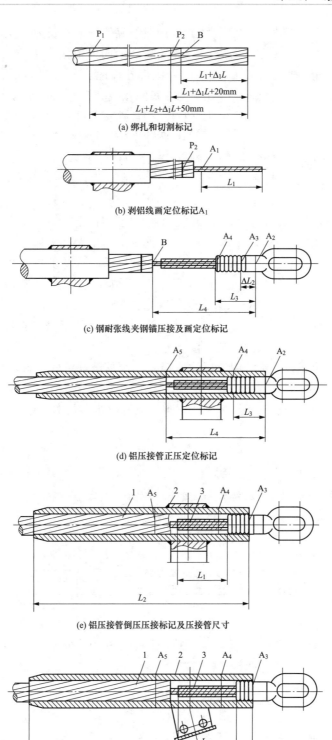

(a) 绑扎和切割标记

(b) 剥铝线画定位标记A₁

(c) 钢耐张线夹钢锚压接及画定位标记

(d) 铝压接管正压定位标记

(e) 铝压接管倒压接标记及压接管尺寸

(f) 其他结构引流板铝压接管倒压接标记及压接管尺寸

图 5-12　钢芯铝绞线典型Ⅰ型耐张线夹的穿管

1—钢芯铝绞线；2—铝管；3—钢锚

1）测量耐张线夹钢锚内孔的实长为 L_1，耐张线夹铝管的实长为 L_2，见图 5-12（e）。

2）绑扎和切割标记［见图 5-12（a）］：从断线面向内侧量取 $L_1+\Delta_1L+L_2+50mm$，画绑扎标记于 P_1；再量取 $L_1+\Delta_1L+20mm$，画绑扎标记于 P_2；最后量取 $L_1+\Delta_1L$，画切割标记于 B，且在 P_1 处将导线旋紧绑扎牢固，将耐张线夹铝管顺向推入绑扎 P_1 处。

3）剥单股铝线［见图 5-12（b）］：在 P_1、P_2 处将导线旋紧绑扎牢固后，用剥线器（或手锯）在标记 B 处分层切断铝单股导线，切割时不应伤及钢芯。切割后，在 P_2 处将绞线绑扎紧固。从钢芯端部向内侧量取 $L_1-\Delta_1L_1$，画定位标记于 A_1。

4）穿耐张线夹钢锚［见图 5-12（c）］：钢芯清洁后，顺向旋转推入钢锚管且与 A_1 重合。

5）钢锚压接后，在钢锚环根部（加工端面处）定位标记于 A_2，在钢锚压接管末端处画定位标记于 A_4，量取 A_2～A_4 的距离为 L_3，量取 A_2～B 的距离为 L_4。从 A_2 量取耐张线夹倒压所需的预留长度 ΔL_2，画定位标记于 A_3，见图 5-12（c）。在补涂电力脂后，将穿耐张线夹铝管顺向旋转推入至绑线 P_2 处，松开绑扎，继续旋至穿耐张线夹铝管右端面与 A_2 重合为正压，见图 5-12（d），与 A_3 重合为倒压，见图 5-12（e）。

6）画倒压压接标记［见图 5-12（e）］：在耐张铝管上从钢锚侧管口 A_3 处，向内量取 L_3 画压接标记于 A_4，向内量取 L_4 画压接标记于 A5。

7）将钢锚环与耐张线夹铝管引流板的连接方向调整至规定的位置，且二者的中心线在同一个平面内。

8）引流板结构形式或位置不同的耐张线夹，其穿管步骤与本条相同，见图 5-12（f）。

三、压接操作

（1）镀锌钢绞线耐张线夹的压接顺序见图 5-13 和图 5-14。第一模从线夹锚环侧 A_1 开始，依次向管口端施压。Ⅰ型镀锌钢绞在锚环外预留 5mm。

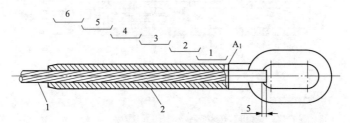

图 5-13　Ⅰ型镀锌钢绞线耐张线夹的压接顺序

1—镀锌钢绞线；2—Ⅰ型耐张线夹

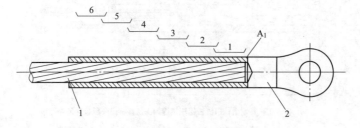

图 5-14　Ⅱ型镀锌钢绞线耐张线夹的压接顺序

1—镀锌钢绞线；2—Ⅱ型耐张线夹

（2）钢芯铝绞线（铝包钢芯铝绞线、钢芯铝合金绞线）Ⅰ型耐张线夹钢锚的压接顺序见图 5-15。将第一模压接模具的端面与 A_4 重合，依次至钢锚管端面施压。

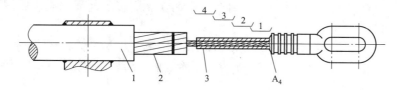

图 5-15　钢芯铝绞线Ⅰ型耐张线夹铜锚的压接顺序
1—铝管；2—钢芯铝绞线；3—钢锚

钢芯铝绞线（铝包钢芯铝绞线、钢芯铝合金绞线）耐张线夹铝管的压接操作如下：
Ⅰ型耐张线夹铝管的压接顺序见图 5-16。

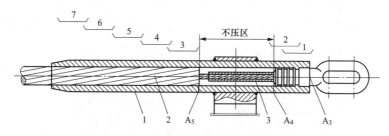

图 5-16　Ⅰ型耐张线夹铝管的压接顺序
1—铝管；2—钢芯铝绞线；3—钢锚

对于其他结构形式引流板的耐张线夹，若引流板与压接钳体相碰影响压接长度时，应将引流板转到上方后施压。

第四节　跳线线夹的液压压接

跳线线夹的液压连接主要工序是清洁、画印、割线和穿管，最后施压、检查。

一、跳线线夹及导线和地线的清洁

（1）跳线、线夹穿管前应去除飞边、毛刺及表面不光滑部分，用清洁剂（汽油等）清洁线夹管内壁，清洁后短期不使用时，应将管口临时封堵并包装。

（2）镀锌钢绞线的压接部分穿管前应清洁干净，清洁长度应大于穿管长度的 1.5 倍，用棉纱擦去镀锌钢绞线液压部分的污垢，如有油垢则先用汽油清洁干净，得放置干燥后再进行穿管，干燥前不得再涂电力脂及润滑剂。

（3）钢芯铝绞线表面氧化膜的清除及涂刷电力脂应按如下程序操作：

1）涂电力脂的范围为铝线进入铝管的压接部分；

2）按（2）将外层铝线清洁并干燥后，再将电力脂薄薄地均匀涂上一层，应将外层铝股覆盖；

3）用钢丝（或铜丝）刷沿钢芯铝绞线轴线方向对已涂电力脂部分进行擦刷，擦刷应能覆盖到压后与铝压接管接触的全部铝线表面。

（4）防腐型（轻、中、重型）钢芯铝绞线，应用少量清洁剂清洁铝层表面油垢，对涂有防腐剂的钢芯应将污垢擦拭干净，且带防腐剂压接。

（5）清洁运行过的旧导地线，应用钢丝（或铜丝）刷将表面氧化膜污垢清除至原始状态，方可穿管压接。

（6）对于导地线的损伤部位，应将其表面清洁干净，清洁长度应大于损伤部位的 2 倍。在损伤处均匀涂抹电力脂，清刷表面氧化膜，如有断股，应在断股两侧涂刷少量电力脂，再套上补修管带脂压接。

二、画印和穿管操作

（1）钢芯铝绞线（铝绞线、钢芯铝合金绞线、铝包钢绞线）跳线线夹的穿管见图 5-17，穿管应按下列步骤操作：

1）用游标卡尺或钢卷尺测量跳线线夹内孔的实长 L。

2）用钢卷尺自绞线端面向内侧量取 $L-\Delta L_1$，画定位标记于 A，向内侧量取 20mm，画绑扎标记于 P，见图 5-17（a）。

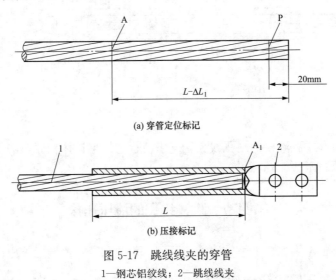

(a) 穿管定位标记

(b) 压接标记

图 5-17　跳线线夹的穿管
1—钢芯铝绞线；2—跳线线夹

3）在绞线端部穿入管口定位后，拆掉绑扎，将其继续顺绞线绞制方向旋转推入，至跳线线夹管口端面与 A 重合，从管口侧量取 L，画压接标记于 A_1，见图 5-17（b）。

4）将线夹连接板的连接方向调整至设计图纸规定的位置。

（2）单跳线线夹的穿管见图 5-18，扩径导线跳线线夹的穿管应按下列步骤操作：

1）用游标卡尺或钢卷尺测量设备线夹内孔的实长 L。

2）先将填充钢棒插入扩径导线端部，用钢卷尺自扩径导线端面向内侧量取 $L-\Delta L_1$，画定位标记于 A，向内侧量取 20mm，画绑扎标记于 P，见图 5-18（a）。

3）在绞线端部穿入管口定位后，拆掉绑扎，将其继续顺绞线绞制方向旋转推入，至单设备线夹管口端面与 A 重合，自管口向另一侧量取 L 画压接标记 A_1，见图 5-18（b）。

4）将线夹连接板的连接方向调整至施工设计图纸要求的位置。

（3）双跳线线夹的穿管见图 5-19，扩径导线跳线线夹的穿管步骤同单设备线夹。穿线

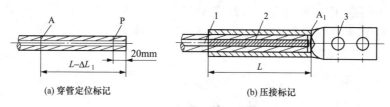

图 5-18　单跳线线夹的穿管

1—扩径导线；2—支撑棒；3—单设备线夹

前，应释放两根导线扭力矩。穿管时，将设备线夹一侧压接管顺绞线绞制方向旋转推入，然后将另一根导线顺绞线绞制方向旋转推入，分别至与定位标记 A 重合。

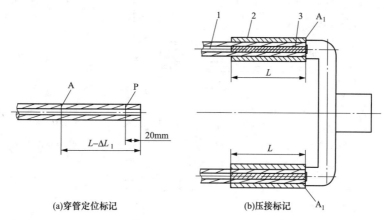

图 5-19　双跳线线夹的穿管

1—扩径导线；2—支撑棒；3—双设备线夹

三、压接操作

钢芯铝绞线（铝绞线、钢芯铝合金绞线、铝包钢绞线）跳线线夹铝管的压接顺序见图 5-20。将第一模压接模具的端面与管口重合，依次向导线端部施压，最后一模的极限位置为 A_1。

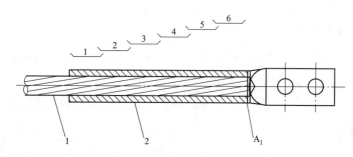

图 5-20　钢芯铝绞线跳线线夹铝管的压接顺序

1—钢芯铝绞线；2—跳线线夹

扩径导线（包括钢芯铝绞线等）设备线夹的压接操作顺序如下：

71

（1）单设备线夹的压接顺序与图 5-20 相同 。

（2）双设备线夹的压接顺序见图 5-21。压接过程中必须使线夹及绞线始终保持水平位置。

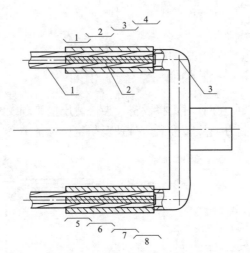

图 5-21　双设备线夹的压接顺序

1—扩径导线 ；2—支撑棒；3—双设备线夹

第五节　补修管的液压压接

修补管的液压连接主要工序是清洁、画印、割线和穿管，最后施压、检查。

一、修补管及导线和地线的清洁

（1）修补管穿管前应去除飞边、毛刺及表面不光滑部分，用清洁剂（汽油等）清洁修补管内壁，清洁后短期不使用时，应将管口临时封堵并包装。

（2）对于导地线的损伤部位，应将其表面清洁干净，清洁长度应大于损伤部位的 2 倍。在损伤处均匀涂抹电力脂，清刷表面氧化膜，如有断股，应在断股两侧涂刷少量电力脂，再套上补修管带脂压接。

二、画印和穿管操作

（1）测量损伤部位长度，取其损伤最严重部分的中心画中心点，自中心点向两端分别量取 1/2 的补修管长度画定位标记。补修管的两端应超出损伤部位 20mm 以上。

（2）将补修管套在导地线的损伤处，插入插板，使补修管两端与定位标记里重合。

三、压接操作

进行液压补修管时，首先以导线损伤处为中心，向两侧量 $L/2$（L 为补修管长）在导线上得 A 点，然后用汽油清洁干净补修管的内壁，套在导线损伤处，管口两端与 A 点重合，按图 5-22 所示的顺序施压。

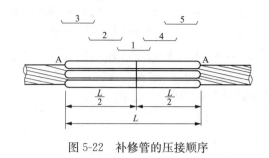

图 5-22　补修管的压接顺序

第六节　绝缘导线的液压连接

绝缘线的连接方式一般采取钳压方式和液压方式,在第四章第四节已做介绍,本节不再介绍。按照规定截面为 240mm² 及以上铝线芯(或钢芯铝绞线芯)绝缘线承力接头宜采取液压方式施工,截面为 240mm² 以下可参考使用。

一、绝缘导线连接一般要求

(1)绝缘线的连接部不允许缠绕,应采用专用的线夹、接续管连接。

(2)不同金属、不同规格、不同绞向的绝缘线,无承力线的集束线严禁在同一档内做承力连接。

(3)在一个档距内,分相架设的绝缘线每根最多只允许有一个承力接头,接头距导线固定点的距离不应小于 0.5m。

(4)剥离绝缘层、半导体层应使用专用切削工具,不得损伤导线,切口处绝缘层与线芯宜有 45°倒角。

(5)绝缘线连接后必须进行绝缘处理。绝缘线的全部端头、接头都要进行绝缘护封,不得有导线、接头裸露,防止进水。

(6)中压绝缘线接头必须进行屏蔽处理。

(7)绝缘接头应符合下列规定:

1)线夹、接续管的型号与导线规格相匹配;

2)压缩连接接头的电阻不应大于等长导线电阻 1.2 倍,机械连接接头的电阻不应大于等长导线电阻的 2.5 倍,档距内压缩接头的机械强度不应小于导体计算拉断力的 90%;

3)导线接头应紧密、牢靠、造型美观,不应有重叠、弯曲、裂纹及凹凸现象。

二、绝缘导线的液压施工

绝缘导线液压连接的主要工序是绝缘层、半导体层剥离,清洁线芯和接续管,画印和穿管,最后施压。具体操作如下:

(1)剥去接头处的绝缘层、半导体层,线芯端头用绑线扎紧,锯齐导线,线芯切割平面与线芯轴线垂直。

(2)铝绞线接头处的绝缘层、半导体层的剥离长度,每根绝缘线比铝接续管的 1/2 长 20~30mm。

（3）钢芯铝绞线接头处的绝缘层、半导体层的剥离长度，当钢芯对接时，其一根绝缘线比铝接续管的 1/2 长 20～30mm，另一根绝缘线比钢接续管的 1/2 加铝接续管的长度之和长 40～60mm；当钢芯搭接时，其一根绝缘线比钢接续管加铝接续管长度之和的 1/2 长 20～30mm，另一根绝缘线比钢接续管加铝接续管的长度之和长 40～60mm。

（4）将接续管、线芯清洁并涂电力脂。

（5）各种接续管的压接操作如下：

1）钢芯铝绞线钢芯对接式钢管的施压顺序见图 5-23。

2）钢芯铝绞线钢芯对接式铝管的施压顺序见图 5-24。

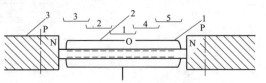

图 5-23 钢芯铝绞线钢芯对接式钢管的施压顺序
1—钢芯；2—钢管；3—铝线

图 5-24 钢芯铝绞线钢芯对接式铝管的施压顺序
1—钢芯；2—已压钢管；3—铝线；4—铝管

3）钢芯铝绞线钢芯搭接式钢管的施压顺序见图 5-25。

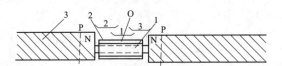

图 5-25 钢芯铝绞线钢芯搭接式钢管的施压顺序
1—钢芯；2—钢管；3—铝线

4）钢芯铝绞线钢芯搭接式铝管的施压顺序见图 5-26。

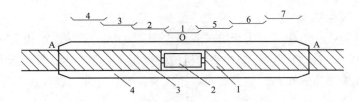

图 5-26 钢芯铝绞线钢芯搭接式铝管的施压顺序
1—钢芯；2—已压钢管；3—铝线；4—铝管

（6）各种接续管压后压痕应为六角形，六角形对边尺寸为接续管外径的 0.866 倍，3 个对边只允许有 1 个达到最大值，接续管不应有肉眼看出的扭曲及弯曲现象，校直后不应出现裂缝，应挫掉飞边、毛刺。

（7）将需要进行绝缘处理的部位清洁干净后进行绝缘处理，见图 5-27。

1）承力接头铝绞线液压连接绝缘处理示意见图 5-27。

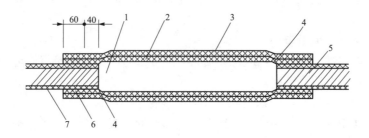

图 5-27　承力接头铝绞线液压连接绝缘处理示意图

1—液压管；2—内层绝缘护套；3—外层绝缘护套；4—绝缘层倒角，绝缘黏带；

5—导线；6—热熔胶；7—绝缘层

2）承力接头铜芯铝绞线液压连接绝缘处理示意见图 5-28。

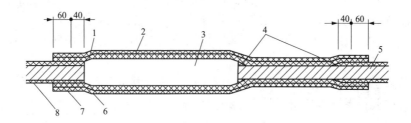

图 5-28　承力接头钢芯铝绞线液压连接绝缘处理示意图

1—内层绝缘护套；2—外层绝缘护套；3—液压管；4—绝缘黏带；5—导线；

6—绝缘层倒角，绝缘黏带；7—热熔胶；8—绝缘层

第七节　液压操作的质量安全技术要求

一、液压操作的质量技术要求

（1）导地线液压检验性试件应符合下列规定：

1）架线工程开工前应对该工程实际使用的导线、地线及相应的液压管，连同配套的液压机及压接钢模，制作检验性试件。每种形式的试件不得少于 3 根（允许接续管与耐张管做成一根试件），压接管之间最小距离不小于 100 倍导地线直径。试件的握着力均不应小于导地线保证计算拉断力的 95%。

2）如果发现有一根试件的握着力未达到要求，应查明原因，改进后做加倍的试件再试，直至全部合格。

（2）各种液压管压后对边距尺寸 S（mm）的最大允许值为

$$S = 0.86D + 0.2$$

式中　D——压接管实测外径，mm。

要求 3 个对边距只允许有 1 个达到最大值，超过此规定时应更换钢模重压。

（3）液压后管子不应有肉眼即可看出的扭曲及弯曲现象，压接后弯曲度不超过 2%。有弯曲时应采用压接管校正器校直，校直后不应有裂缝。

（4）压接前应检查导地线的受压部分应平整完好，同时距管口 15m 以内不应有任何缺陷。

（5）压接人员应持证上岗。

（6）导地线的端部在割线前，应将其掰直，并在线材端头和切割点附近用绑丝绑扎，以防止线材散股，切割时应与轴线垂直。

（7）切割导地线铝股时，严禁伤及钢芯；压接管压后如有裂缝，应开断重压。

（8）在一个档距内每根导线或架空地线上最多只允许有一个接续管和两个补修管，并应满足下列规定：

1）各类管与耐张管出口间的距离不应小于 15m；

2）接续管或补修管与悬垂线夹中心的距离不应小于 5m，并在防震锤外；

3）接续管或补修管与间隔棒中心的距离不宜小于 0.5m；

4）宜减少因损伤而增加的接续管。

（9）各液压管施压后，应认真填写记录。液压操作人员压接完毕自检合格后，在铝管不压区中部（耐张管打在上部，直线管打在型号标记对侧）打上钢印代号。

（10）耐张线夹的凹凸槽位置必须全部压接到位，对不压区进行控制，过压比欠压造成的后果更为严重。

（11）耐张线夹和接续管压接时，为防止预偏位置偏移或导线、地线压后松股，采用先压两端再进行中间位置压接的错误做法，必须禁止。

二、液压操作的安全技术要求

（1）液压泵安全操作规定。

1）液压操作人员必须经过专门培训，掌握设备构造、性能及维护使用知识，液压泵操作人员应服从压接钳处操作人员的指挥并注意压力指示，不得过负荷；对采用双液压泵同时供压的 5000kN 液压钳，应注意保持双泵工作同步，同升同卸，并注意回油油位，防止单台泵回油过度；液压操作人员位置应能通视压接钳合模情况。

2）液压泵的安全溢流阀经整定后，用跟紧螺母锁紧，现场使用中不得随意扭动。

3）液压机启动后，先空载运行 2～3min，检查压接钳活塞起落是否灵活，其他部位是否正常。

4）压接作业压力达到规定值时，换向阀应迅速换到卸压位，以免损坏液压机部件，液压机输出最大压力不得超过 80MPa。

5）液压机与液压钳的油管接头应拧到底，液压钳柱塞回缩时压力不得超过 5MPa。

6）液压泵运转中，如液压油温过高，应停机，待油温下降后再继续工作。

7）液压泵动力源的使用维护应遵照说明书及电气安全操作规程执行。

8）液压模具在使用前应严格核对型号、规格。

9）模具安装到压钳后，应检查上下模是否一致，在运转过程中如发现有漏油、异响、振动或操作件失灵时，应立即停机检查，排除故障。

10）工作完毕按要求做好例行保养。

（2）切割导线或地线时，线头应扎牢，并防止线头回弹伤人。

（3）液压机使用前，应检查压钳与顶盖接触口，如液压钳体、压模有裂纹，严禁使用。

（4）液压机压钳起落时，人体任何部位不得位于压钳的正上方，防止压钳上盖向上弹出伤人。

（5）放入顶盖时，必须与钳体完全吻合，严禁在未旋转到位的情况下加压。

（6）液压时，操作人员及扶线人员位于压钳的侧面，并注意手指不得伸入压模内。

（7）高空压接时，操作平台内机械设备及材料必须固定可靠，防止脱落伤人及设备损坏；操作平台与高空临锚钢绳或导线等连接、固定必须可靠，并固定在多根线绳上；高空操作人员必须使用速差自控器，并不得与平台、线绳交叉。

（8）压接管不应缠绕其他东西，为方便脱模，可在模具上涂润滑油（导电指或黄油）

三、液压操作的注意事项

为保证连接质量，进行导地线液压导操作时，需注意以下事项：

（1）切割绞线时应与轴线垂直，并将绞线用细线绑扎 2～3 圈，以防松散，待穿管时拆除绑线。穿管时应顺着绞线的绞制方向穿入，防止松股。

（2）切割钢芯铝绞线时不得伤及钢芯。

（3）绞线画印后应立即复查，确保尺寸无误，并作出标记。

（4）液压用的钢模，上模与下模有固定方向时，不得放错，液压机的缸体应垂直地面，并放置平稳牢靠，操作人员不得处于液压机顶盖上方。

（5）液压时操作人员应扶好绞线，与接续管保持水平，并与液压机轴心相一致，以免接续管弯曲。

（6）液压机的操作必须使每模都达到规定的压力，而不能以合模与否作为压好的标准。施压时相邻两模之间至少应重叠（钢管压接 5mm，铝管压接 10mm）。

（7）钢模应即时检查，发现有变形现象时应停止使用。

（8）液压机应装有压力表和顶盖，否则不准使用。

（9）管子压完后如有飞边应将飞边锉掉，铝管锉成圆弧形。对 500kV 线路除锉掉飞边外，还必须用细砂纸将锉过处磨光，以免发生电晕放电。

当管子每模压完后因飞边过大使对边距离尺寸大于规定值时，应将飞边锉掉后重新施压。

（10）钢管施压后，凡锌皮脱落者，应涂以富锌漆，以防生锈。

（11）液压机用的工作油液应清洁，不得含有砂泥等脏物，工作前要充满液压油。

（12）人员禁止跨在工作状态中的高压油管上。

（13）电动液压泵工作前，应用软铜丝接地线接地。操作人员应戴绝缘手套、穿绝缘鞋。

第六章 | 大截面导线液压连接

随着特高压输电技术的发展，大截面导线逐渐成为电网提高输电容量的主要选择。在输电工程中，大截面导线液压连接工艺因导线固有的特性，外径和铝钢比大，需压接长度较长，在施工中大截面导线易发生压后管口出现松散、起灯笼等现象，给输电线路安全运行带有隐患，应在液压连接工艺上加以完善，以达到可靠运行的要求。

第一节 大截面导线压接特点

一、定义

1. 大截面导线

根据 Q/GDW 1571《大截面导线压接工艺导则》，大截面导线是指以多根镀锌钢线或铝合金绞线为芯，外部同心螺旋绞多层硬铝线，导线标称截面不小于 800mm² 。

2. 大截面导线连接方式

大截面导线连接方式为液压连接。接续管和耐张线夹钢芯部分采用"正压"连接，规定耐张线夹铝管的压接方式采用"倒压"，接续管铝管的压接方式采用"顺压"连接。

（1）正压：从接续管的中央向两侧逐模施压压接方式，或从钢锚拉环侧向管口方向逐模施压的压接方式。

（2）倒压：从耐张线夹铝管的拔梢端开始连续施压至压接定位印记。

（3）顺压：从（牵引场侧）接续管铝管的拔梢端（含拔梢）开始连续施压至压接定位印记；跨过不压区后，从压接定位印记开始连续施压至接续管铝管的另一侧拔梢端（含拔梢）。

二、压接施工工艺特点

压接是以超高压机动或电动液压泵为动力，配套相应压接模具，对导线及压接管进行满足使用要求的连接。其基本原理为导线与压接管装配后，在压接机压模挤压成型过程中受到压力的作用而产生变形，达到规定的握力值后，使导线与压接管之间形成一定的握着强度，牢固接合为一整体。

液压主要机具包括液压泵（机动和电动）、液压钳、压模（标记为钢模 G、铝模 L）、高压压接油管、辅助导轨等。

三、"倒压"与"顺压"

1. 大截面导线压接造成较为严重散股的原因

因导线截面大、铝钢比大、压接铝管直径大、需压的长度长及压接后铝管伸长量大等诸多不利因素，导致大截面导线压接管在压接后会出现较严重的散股现象，紧线后散股仍不能完全消除。

2. 导线压接后散股对工程的影响

（1）机械性能：使各股铝线受力不均匀，降低绞线整体抗拉强度；

（2）电气性能：导线外层铝股松散后，如有突起严重的数根单线会导致电场畸变，降低导线起晕电压；

（3）外观工艺：外观质量差，不能满足"施工质量标准"要求。

3. 耐张线夹铝管"倒压"，接续管铝管"顺压"的作用

在保证导线与金具配合握着力的前提下，通过"倒压"与"顺压"的方式，可减小在铝管管口处出现的导线松股程度，提高大截面导线液压接续施工质量。

四、压接方式选用依据

根据 DL/T 5285《输变电工程架空导线及地线液压压接工艺规程》要求，选用压接方式，见表 6-1。

表 6-1　　　　　　　　　　　　　　压接管压接方式

压接方式	使用导地线与金具
正压	导地线钢芯、钢绞线、铝包钢绞线、钢芯铝绞线、钢芯铝合金绞线接续管
倒压	标称截面为 630mm² 及以上耐张线夹铝管、设备线夹、跳线线夹等
顺压	采用正压压接方式时导线或地线出现松股、起灯笼等

第二节　大截面导线压接操作

大截面导线压接，因其导线的固有特性，有别于常规的导线，要求更高。为保证压接施工质量，在 DL/T 5285《输变电工程架空导线及地线液压压接工艺规程》的基础上，制定 Q/GDW 1571《大截面导线压接工艺导则》的企业标准作实施依据。

一、液压压接前要求

1. 检测耐张线夹、接续管

（1）外观检查：有裂纹、沙眼、气孔等缺陷不得使用；对有轻微飞边、气刺及表面不光滑的部分进行处理。

（2）校对压接管型号是否与所需压接导线规格匹配，并正确量取压接管内外径、钢管与铝管的长度、耐张线夹钢锚内孔深度、压接管压前弯曲度检查等是否符合相关规程要求。

2. 检查用电设备、压接机、压模等机具

（1）用电设备需有可靠接地。

（2）检查液压设备完好程度，检查油压表是否处于有效检定期内。

（3）根据压接管材选取相应的合格模具并清洁，校对模具型号，并测量压模对边距和压模长度等尺寸是否符合规程要求。

（4）检查压接机的各部件是否完好，油管接头是否正确、连接牢固，检查有无漏油现

象，检查液压油、机油、汽油、进气开关等是否符合要求。

（5）对压接设备进行空载运行 10min。液压钳未安装压模情况下不能进行空载运行。

3. 检查导线

（1）导线的外观质量检查，用游标卡尺正确测量导线外径并记录。

（2）导线的压接部分应在切割前调直，每端调直长度应大于压接长度的 2 倍。

二、导线接续管液压压接工艺

（一）清洁

（1）用酒精（或汽油）清洁压接管，并使其干燥；短期不使用时，清洁后应将管口临时封堵，并以塑料袋封装。清洁后，各种规格的接续管应分类存放并设置标示牌。

（2）清洁导线压接部位端头，对于先套入铝管端的导线，清洁长度应不短于铝管套入部位；对于另一端导线，清洁度度应不短于压接长度的 1.2 倍。

（二）导线画印、绑扎

1. 钢芯搭接式的接续管穿管前剥铝线

钢芯搭接式的接续管穿管前剥铝线，如图 6-1 所示。

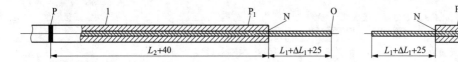

图 6-1　剥铝线图（用于搭接式接续管）

1—导线

（1）用钢尺测量接续管钢管的实长 L_1 及接续管铝管的实长 L_2。

（2）用钢尺自导线端头 O 向线内量 $(L_1+\Delta L_1+L_2+65\text{mm})$，并标定为 P 点，在 P 点用绑线或卡箍扎牢（$\Delta L_1$ 伸长量，ΔL_1 约为 L_1 的 11%）。

注：图 6-1 所标 40+25 的尺寸仅指 1250mm² 大截面导线，其他规格大截面导线，此尺寸需作相应调整，下同。

（3）将需接续的一根导线 P_1 处绑线或卡箍解开，将接续管铝管套入，铝管穿入时顺着铝线绞制方向旋转推入，直至露出铝线端头。

（4）自导线端头 O 向线内量 $L_1+\Delta L_1+25\text{mm}$ 处标记为 N。

（5）在 N 处向线内量 20mm 标记为 P_1，在 P_1 处用绑线或卡箍扎牢。

2. 钢芯对接接续管穿管前剥铝线

钢芯对接接续管穿管前剥铝线，如图 6-2 所示。

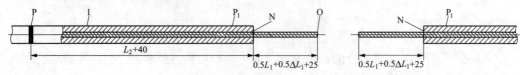

图 6-2　剥铝线图（用于对接式接续管）

1—导线

（1）用钢尺测量接续管钢管的实长 L_1 及接续管铝管的实长 L_2。

（2）用钢尺自导线端头 O 向线内量 $[0.5\times(L_1+\Delta L_1)+L_2+65\text{mm}]$ 并标定为 P 点，在 P 点用绑线或卡箍扎牢（ΔL_1 约为 L_1 的 11%）。

（3）将需接续的一根导线 P_1 处绑线或卡箍解开，将接续管铝管套入，铝管穿入时顺铝线绞制方向，向内旋转推入，直至露出铝线端头。

（4）自导线端头 O 向线内量 $[0.5\times(L_1+\Delta L_1)+25\text{mm}]$ 处标记为 N。

（5）在 N 处向线内量 20mm 标记为 P_1，在 P_1 处用绑线或卡箍扎牢。

（6）在 N 处切断铝线，并将 P_1 处绑线或卡箍解开。

（7）画印印记应画整圈。

（三）剥铝线工艺要求

（1）剥线器分别在两侧切割标记 N 处分层切割铝股，在切割内层铝股时，割至铝股直径的 2/3～3/4 时，停用剥线器。内层铝股直接使用剥线器切断，视为伤及钢芯。

（2）转动剥线器，在 P_1 处进行绑扎后拆除剥线器，进行倒角处理，然后将内层铝股逐股掰断。如将内层铝股掰断，再倒角，视为伤及钢芯。

（3）切割过程不得伤及钢芯。

（四）涂电力脂

涂电力脂的范围为铝股进入铝管部分；将电力脂薄薄地均匀涂上一层，以将外层铝股覆盖住；用细钢丝刷沿绞线轴线方向对已涂电力脂部分进行擦刷，液压后能与铝管接触的铝股表面全部擦到。

（五）套铝管工艺要求

钢管穿管前，应选在一侧先套入铝管。将铝管顺铝线绞制方向向内旋转推入，使其端面至绑扎 P 处。

（六）清洁钢芯工艺要求

（1）分别用酒精（或汽油）清洁两侧钢芯，使其干燥。

（2）清洁过程正确使用防护用品（如佩戴橡胶手套）。

（七）接续管钢管的穿管方式

（1）接续管钢芯搭接穿管。

接续管钢管搭接穿管方式如图 6-3 所示。

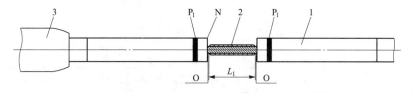

图 6-3　接续管钢管搭接穿管方式

1—导线；2—接续管钢管；3—接续管铝管；P_1—绑线或卡箍

1）将一端已剥露的钢芯表面残留物全部清擦干净后进行钢芯搭接，对于 7 股钢芯应全部散开呈散股扁圆形，对于 19 股钢芯应散开 12 根层线，保持内部 7 股钢芯原节距钢芯。

2）自钢管口一端下侧向钢管内穿入后，另一端钢芯保持原节距状态，自钢管另一端上侧向钢管内穿入，注意是相对搭接穿入不是插接，直穿至两端钢芯在钢管管口露出 12mm 为止。

（2）接续管钢芯对接穿管。

接续管钢管对接穿管方式如图 6-4 所示。

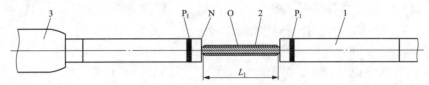

图 6-4　接续管钢管对接穿管方式

1—导线；2—接续管钢管；3—接续管铝管；P₁—绑线或卡箍

1）测量钢芯穿入钢管长度，并在钢芯上做定位标记；

2）将已剥露的钢芯表面残留物全部清擦干净后进行钢芯对接接续工作，保持钢芯原节距，自钢管口一端穿入，穿入长度为钢管长度一半；

3）另一端钢芯以同样方式从钢管另一侧穿入，检查两侧钢芯穿入长度一致。

（3）铝合金芯高导电率铝绞线的铝合金芯采用对接方式接续，其剥铝线与穿管工艺参考钢芯对接工艺。

（八）接续管钢管的液压工艺要求

（1）钢芯搭接式钢管液压部位及操作顺序如图 6-5 所示。

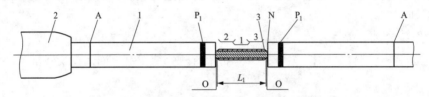

图 6-5　钢芯搭接式钢管液压部位及操作顺序

1—导线；2—接线管铝管；3—钢芯搭接式接续管钢管

1）检查接续管钢管内钢芯是否符合要求；

2）第一模压模中心应与接续管钢管中心相重合，然后分别依次向管口端连续施压，由一侧压至管口后再压另一侧。

（2）导线钢芯对接式钢管液压部位及操作如图 6-6 所示。

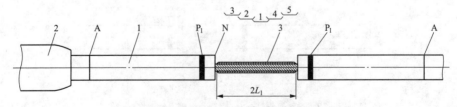

图 6-6　导线钢芯对接式钢管液压部位及操作

1—导线；2—接续管铝管；3—对接式接续管钢管

1）检查接续管钢管内钢芯是否符合要求；

2）第一模压模中心应与接续管钢管中心相重合，然后分别依次向管口端连续施压。应一侧压至管口后再压另一侧。

（3）铝合金芯高导电率铝绞线的铝合金芯采用对接方式接续，其铝合金管的压接工艺参考钢芯对接工艺。

（4）压接过程要求。

1）压接前，在钢管或压模上均匀涂润滑油（如黄油），以利脱模；

2）控制钢管、钢芯不能窜动，放入压钳，校对位置正确；

3）第一模钢管中心与钢模中心重合；

4）第一模压好后，用游标卡尺检查压后的对边距尺寸，合格后继续施压；

5）液压机的操作必须使每一模都达到 80MPa 规定压力，且合模，保持 3～5s；

6）相邻两模至少应重叠 5mm。

（5）钢管压后检查。

1）外观检查，处理飞边；

2）压后尺寸检查，正确测量对边距和各长度；

3）进行清洁，并对压后钢管做防腐处理。

（九）接续管铝管的穿管方式

接续管铝管的穿管方式如图 6-7 所示。

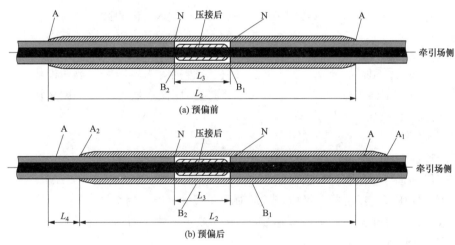

图 6-7 接续管铝管的穿管方式

（1）当接续管钢管（铝合金管）压好后，用钢尺量 $NN=L_3$，记录 L_3 的长度。

（2）用钢尺自切割印记 N 分别向导线两侧量取 $NA=\frac{1}{2}(L_2-L_3)$ 处画铝管定位印记 A。

（3）松开绑线或卡箍 P_1，将铝管沿外层铝线绞制方向，向另一端旋转推入后，松开另一端绑线或卡箍 P_1，继续推入直至铝管两管口与铝线上两端定位印记 A 重合为止。

（4）穿管后旋转铝管，使铝股复位、紧密。

（5）画压接印记，在接续管铝管上从 A_1 向管内量取 $AB_1=\frac{1}{2}(L_2-L_3)$ 处画铝管压接印记 B_1，从 A_2 向管内量取 $AB_2=\frac{1}{2}(L_2-L_3)$ 处画另一个铝管压接印记 B_2。

（6）预偏：在牵引场侧导线上从 A 点向牵引侧量 L_4 标记为 A_1，将铝管管 L_1 从 A 点调整对齐到 A_1，在另一侧管口导线上做标记 A_2。

此步骤的目的是为顺压接续管预留伸长余量 L_4，压接时应从 A_1 侧开始压接。

（十）接续管铝管的液压工艺要求

1. 接续管铝管的液压部位及操作顺序

大截面导线接续管铝管宜采用顺压方式。导线接续管铝管顺压的液压部位及操作顺序如图 6-8 所示。

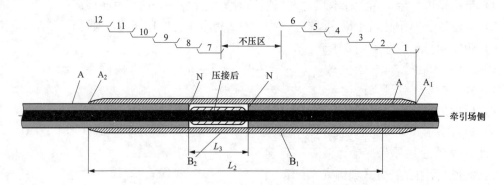

图 6-8　导线接续管铝管顺压的液压部位及操作顺序图

（1）检查导线接续管铝管的两端口与定位印记 A_1 及 A_2 是否重合。

（2）内有接续管钢管部分（N 到 N 处）的接续管铝管为不压区，第一模压在直线接续管铝管的管口 A_1 处，再依次顺序压至 B_1 处，跨过不压区，然后从另一侧从压接定位印记 B_2 处开始施压，连续压至管口 A_2。

2. 压接过程要求

（1）压接前，在铝管或压模上均匀涂润滑油（如黄油），以利脱模。

（2）核对铝管与印记重合后进行施压。

（3）第一模压好后用游标卡尺检查压后对边距尺寸，合格后继续施压。

（4）液压机的操作必须每一模都达到 80MPa 规定压力，且合模，保持 3～5s；且邻两模至少应重叠 25mm。

（十一）铝管压后检查

（1）进行外观检查、尺寸检查（对边距、叠模长度、铝管压后两端长度）、弯曲度检查、处理飞边等。

（2）进行成立品清洁，两端头封漆。

（3）在不压区打设操作者钢印。

三、导线耐张线夹液压压接工艺

1. 清洁

（1）用酒精（或汽油）清洁压接管，并使其干燥；短期不使用时，清洁后应将管口临时封堵，并以塑料袋封装。清洁后，各种规格的接续管、耐张线夹应分类存放并设置标示牌。

（2）清洁导线压接部位端头，清洁长度应大于压接长度的1.5倍。

2. 导线画印、绑扎

耐张线夹穿管前剥铝线，如图6-9所示。

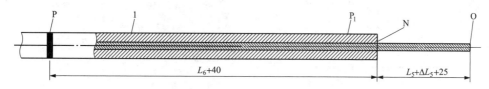

图6-9　剥铝线图（用于耐张线夹）

1—导线；P、P_1—绑线或卡箍

（1）用游标卡尺或钢尺测量耐张线夹钢锚的压接部位长度L_5，耐张线夹铝管长度L_6。

（2）用钢尺自导线线端头O向线内量（$L_5+\Delta L_5+L_6+65mm$）处，以绑线或卡箍扎牢并标记为P（耐张线夹钢锚的压接部位仲长量ΔL_5约为压接部位实长L_s的18%；耐张线夹铝合金管仲长量ΔL约为铝合金管长度L_s的14%）。

（3）将耐张线夹铝管套入，铝管顺铝线绞制方向，向内旋转推入，直至露出铝线端头。

（4）自导线端头O向线内量$L_5+\Delta L_5+25mm$处标记为N。

（5）在N处向线内量20mm标记为P_1，在P_1处用绑线或卡箍扎牢。

（6）在标记N处切断铝线。

3. 剥铝线

（1）用剥线器在一端切割印记N处分层切断铝股；在切割内层铝股时，割至铝股直径的3/4时，停用剥线器。内层铝股直接使用剥线器切断，视为伤及钢芯。

（2）移动剥线器，在P_1处进行绑扎后拆除剥线器，进行倒角处理，然后将内层铝股逐股掰断。如将内层铝股掰断，再倒角，视为伤及钢芯。

（3）切割过程不得伤及钢芯。

4. 套铝管

将铝管顺铝线绞制方向向内旋转推入，使其端面至绑扎P_1处。

5. 清洁钢芯

（1）分别用酒精（或汽油）清洁两侧钢芯，使其干燥。

（2）清洁过程正确使用防护用品（如佩戴橡胶手套）。

6. 钢芯穿管

（1）钢芯铝绞线的耐张线夹钢锚穿管如图6-10所示。

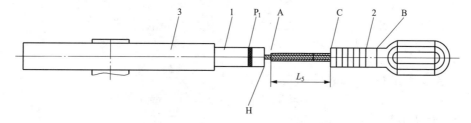

图6-10　钢锚穿管图（用于钢芯铝绞线）

1—导线；2—耐张线夹钢锚；3—耐张线夹铝管；P_1—绑线或卡箍

将钢芯向耐张线夹钢锚管口穿入，穿入时应顺绞线绞制方向旋转推入至管底（若剥露的钢芯已不呈原绞制状态，应先恢复其至原绞制状态），在钢管端部芯线处标记 A。

（2）铝合金芯高导电率铝绞线的耐张线夹钢锚穿管如图 6-11 所示。

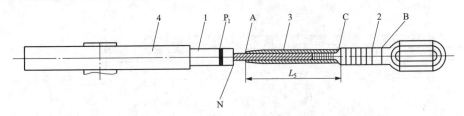

图 6-11　钢锚穿管图（用于铝合金芯高导电率铝绞线）

1—导线；2—耐张线夹钢锚；3—过渡铝合金管；4—耐张线夹铝管；P_1—绑线或卡箍

将钢锚向过渡铝合金管的一侧穿入至极限位置；将铝合金芯向过渡铝合金管的另一侧管口穿入，穿入时应顺绞线绞制方向旋转推入（若剥露的铝合金芯已不呈原绞制状态，应先恢复其至原绞制状态），直至铝合金芯抵到钢锚，在过渡铝合金管端部的芯线处标记 A。

7. 导线耐张线夹的液压部位及操作顺序

（1）导线钢管耐张线夹钢锚的液压部位及操作顺序如图 6-12 所示。

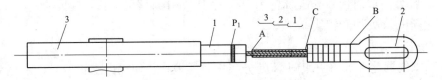

图 6-12　导线钢管耐张线夹钢锚的液压部位及操作顺序

1—导线；2—耐张线夹钢锚；3—耐张线夹铝管

1）检查耐张线夹钢锚压接部位与芯线上的定位印记 A 是否重合；

2）第一模自耐张线夹钢锚长圆环侧开始，依次向管口端连续施压。

（2）导线铝合金管耐张线夹钢锚的液压部位及操作顺序如图 6-13 所示。

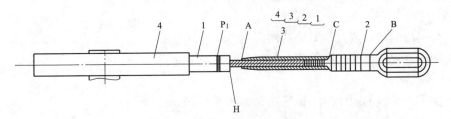

图 6-13　导线铝合金管耐张线夹钢锚的液压部位及操作顺序

1—导线；2—耐张线夹钢锚；3—过渡铝合金管；4—耐张线夹铝管

1）检查过渡铝合金管端部与芯线上的定位印记 A 是否重合；

2）第一模自耐张线夹钢锚长圆环侧开始，依次向管口端连续施压。

8. 耐张线夹钢管压接过程要求

（1）压接前，在钢管或压模上均匀涂润滑油（如黄油），以利脱模。

（2）控制钢管、钢芯不能窜动，放入压钳，校对位置正确。

（3）第一模压接模具的端面与 C 点重合，依次至钢锚管端面施压。

（4）第一模压好后，用游标卡尺检查压后的对边距尺寸，合格后继续施压。

（5）液压机的操作必须使每一模都达到 80MPa 规定压力，且合模，保持 3～5s。

（6）相邻两模至少应重叠 5mm。

9. 钢管压后检查

（1）进行外观检查，处理飞边。

（2）压后尺寸检查，正确测量对边距和各长度。

（3）量取钢锚压后钢管至导线端头距离。

（4）进行清洁，并做防腐处理。

10. 耐张线夹铝管穿管

（1）穿耐张线夹铝管及压接位置确定如图 6-14 所示。

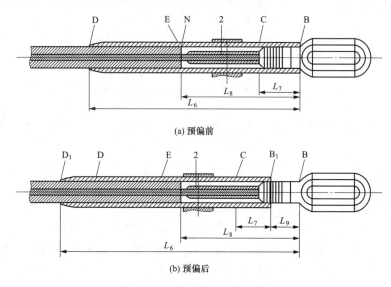

(a) 预偏前

(b) 预偏后

图 6-14　耐张线夹铝管穿管图

1）当钢锚压好后，在铝管所能穿到钢锚极限位置处画一定位印记 B；

2）在耐张线夹钢锚压接末端处标记 C，测量 BC 长度为 L_7，测量 B 到铝线端头的距离 BN 长度为 L_8；

3）将铝管顺铝绞线绞制方向，向耐张线夹锚端旋转推入至绑线或卡箍，松开绑线或卡箍 P，继续推入直至耐张线夹铝管耐张侧管口与 B 重合为止，在导线侧管口处导线上做标记 D；

4）穿管后旋转铝管使铝股复位、紧密；

5）画压接印记，在耐张铝管上从钢锚侧管口向内量 L_7 并标记为 C，从钢锚侧管口向内量 L_8 并标记为 E；

6）预偏，从 D 点向导线量取 L_9 标记为 D_1，将铝管管口从 D 点调整对齐到 D_1，在耐张钢锚侧耐张铝管管口处导线上做标记 B_1。

此步骤的目的是为倒压耐张线夹预留伸长余量。

（2）耐张线夹钢锚环与铝管引流板的相对方位确定。

1）液压操作人员根据该工程的压接方案或作业指导书，确定耐张线夹钢锚挂环与铝管引流板的方向，在耐张线夹钢锚与铝管穿位完成后，分别转动耐张线夹钢锚和铝管至规定的方向；

2）耐张线夹钢锚环定位：用标记笔在耐张铝管至钢锚画一直线，压接时保持耐张铝管与钢锚的标记线在一条直线上。

（3）导线耐张线夹铝管倒压的液压部位及操作顺序如图 6-15 所示。

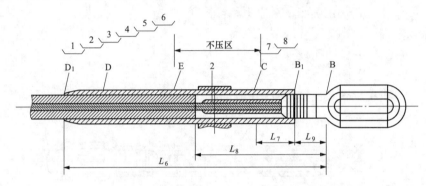

图 6-15　导线耐张线夹铝管倒压的液压部位及操作顺序图

1）检查耐张线夹铝管与导线上的定位印线 D_1，及与耐张线夹钢锚上的定位印记 B_1 是否重合；

2）检查耐张线夹铝管上的不压区定位印记 C、E 是否标注；

施压前应调整引流板与钢锚环的夹角，压接时保持耐张铝管与钢锚的标记线在一条直线上，使之符合设计要求；

3）第一模压在耐张线夹铝管拔梢端的铝管出口处，从 D_1 压接到 E；

4）跨过不压区，用量尺（或钢锚比拟法）确认钢锚凹槽端头是否与 C 点重合。当有误差时，从新印记起压到规定尺寸。在此位置补压一模或两模。

11. 耐张线夹铝管压接过程要求

（1）压接前，宜在铝管或铝模上均匀涂润滑油（如黄油），以利脱模。

（2）核对铝管与印记重合后进行施压。

（3）第一模压好后用游标卡尺检查压后对边距尺寸，合格后继续施压。

（4）液压机的操作必须每一模都达到 80MPa 规定压力，且合模，保持 3～5s；且邻两模至少应重叠 10mm。

12. 铝管压后检查

（1）进行外观检查、尺寸检查（对边距、叠模长度、铝管压后两端长度）、弯曲度检查、处理飞边。

（2）进行成立品清洁，两端头封漆。

（3）在不压区打钢印。

四、注脂式耐张线夹注脂要求

注脂式耐张线夹如图 6-16 所示。

注脂式耐张线夹充脂的目的是为了将压接管内的空隙用油脂填充，避免在运行过程中雨

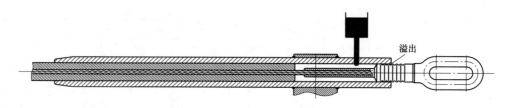

图 6-16　注脂式耐张线夹

水进入管内，或雨水结冰体积膨胀引发铝管胀裂。适用于绝缘子串倒挂的耐张线夹或耐张线夹管口上扬的耐张线夹，在铝管部分压接前应按设计要求进行注脂。至铝管管口溢出复合脂时止，确保空腔内已充满电力脂。

　　将约 500g 电力复合脂充入注脂枪腔内，拧开注脂孔上的螺栓，移动铝管使注脂孔移至钢锚压接区上方，将注脂枪的管口与注脂孔相连接，松开注脂枪尾部的锁紧装置，使腔内产生压力。扳动注脂枪手柄开始注脂，如图 6-16 所示，至铝管管口溢出复合脂时止，此时空腔内已充满电力脂。

　　压接要求参见相对应规格耐张线夹操作。

五、跳线线夹铝管压接

　　（1）钢芯铝绞线（铝绞线、钢芯铝合金绞线、铝包钢绞线）跳线线夹的穿管见图 6-17所示。

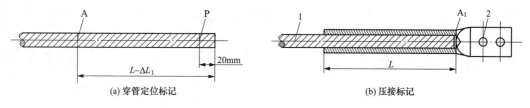

(a) 穿管定位标记　　　　　　　　　　(b) 压接标记

图 6-17　跳线线夹的穿管

1—钢芯铝绞线；2—跳线线夹

　　1）用游标卡尺或钢卷尺测量跳线线夹内孔的实长 L。

　　2）用钢卷尺自绞线端面向内侧量取 $L-\Delta L_1$，画定位标记于 A，向内侧量取 20mm，画绑扎标记于 P，见图 6-17（a）。

　　注：若压接试验无数据时，压接预留长度应根据可压接长度的百分比选取，$\Delta L_1 =$（8%～10%）$L +$ 5mm，L 为压接管可压接长度。

　　3）在绞线端部穿入管口定位后，拆掉绑扎，将其继续顺绞线绞制方向旋转推入，至跳线线夹管口端面与 A 重合。从管口侧量取 L，画压接标记于 A_1，见图 6-17（b）。

　　4）将线夹连接板的连接方向调整至规定的位置。

　　（2）钢芯铝绞线（铝绞线、钢芯铝合金绞线、铝包钢绞线）跳线线夹铝管的压接操作顺序如图 6-18 所示。

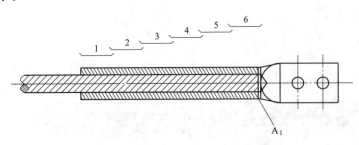

图 6-18　跳线线夹铝管的压接顺序

将第一模压接模具的端面与管口重合，依次向导线端部施压，最后一模的极限位为 A_1。

六、导线牵引管相关技术要求

在一般导线张力放线过程中，牵引导线常采用网套连接器进行连接。因网套连接器在大直径导线上使用时，存在放线张力大、断面处过渡角度及剪切力较大，且网套本体易锈、易磨损断投等缺点，给施工带来一定的安全隐患。为提高导线牵引的安全性。目前，大截面导线在大跨越及"三跨"架线牵引施工时，常采用专用牵引管代替网套，张力放线时，导线牵引管与走板末端加装相对应的旋转连接器相连。

1. 相关参数

（1）从导线所展放区段各档对应的最大牵引力（单根）确定为牵引管额定载荷，安全系数取 3 倍。

（2）牵引管的钢芯与铝管内外径，与对应的接续管钢芯及铝管尺寸相匹配，以便压接操作及过放线滑车。

（3）牵引管结构尺寸上要求。钢管一端与走板上的旋转连接器相连，尺寸与其匹配；另一端与导线的钢芯和铝管压接。长度需经金具生产厂家计算后确定。

（4）试验。使用前，需对牵引管进行试验，推着力按照额定载荷×3 倍的安全系数计算，以导线与牵引管未发生滑移判定是否合格。

2. 牵引管材质要求

牵引管的钢管和铝管分别与导线的钢芯与铝压接，材料要有较好的延伸率。钢管一般可选用 Q235 或 20 号低碳钢；铝管的选择择中，105A 有较好的延伸率，但强度较低，大截面导线牵引管选用此材料，铝管长度较长，过滑车易变形，可选用抗拉强度和延伸率均能满足的材质，如 1620 铝合金材料。

3. 压接要求

先压钢管，后压铝管，参见耐张线夹的钢管和铝管的压接顺序（正压方式）及质量检查要求。

4. 保护要求

对于连续多跨或多次穿越放线滑车的牵引管，外部应包钢护套（钢甲）予以保护，确保过放线滑车不变形。

5. 实例 QNY-900/75（QNY-900/40）

QNY-900/75（QNY-900/40）牵引管具体加工尺寸需与使用的工程匹配，并经试验合格后投入使用，如图 6-19 所示。

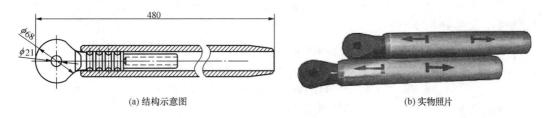

(a) 结构示意图　　　　　　　　　　　　(b) 实物照片

图 6-19　QNY-900/75（QNY-900/40）牵引管

第三节　大截面导线压接的安全技术要求

大截面导线液压操作压接要求比常规的导线高，实施过程中，在安全、技术、质量等方面应精心组织实施。

1. 安全要求

（1）液压操作人员需经培训，经考试合格后，持证上岗。

（2）电动设备接线电工须持证上岗，设备应有可靠接地措施。

（3）液压机的传动部分应设防护罩，在施压时缸体和压钳垂直上方严禁有人。

（4）高压油泵油压设限位设置，不得随意更改。

（5）在高压油泵工作过程中，任何人员不得骑跨高压油管。

（6）任何人员不得将手指伸入上下钢模之间；切割导线前应扎牢线头，并防止线头回弹伤人。

（7）液压机在使用前应检查液压钳体与顶盖的接触口，液压钳内压模放置到位、规格匹配，液压钳盖应扣上保险销等；液压钳体有裂纹者严禁使用。

（8）液压机启动后先空载运行检查各部位运行情况，正常后方可使用。压接钳活塞起落时，人体不得位于压接钳上方。

（9）放入顶盖后，必须使顶盖与钳体完全吻合，严禁在未旋转到位的状态下压接。

（10）液压泵操作人员应与压接钳操作人员密切配合，并注意压力指示，不得过荷载。

（11）液压泵的安全溢流阀不得随意调整，并不得用溢流阀卸荷。

（12）正确使用个人工具和个人防护用品。

（13）对易挥发、易燃物品，使用后及时归位，并做好回收工作。

2. 技术要求

（1）导线使用与工程配套的接续管及耐张线夹进行连接，连接后的握着强度在架线施工前应进行试件试验。试件不得少于 3 组（允许接续管与耐张线夹合为一组试件）。试件的握着力不应小于导线计算拉断力的 95％。

（2）导线的受压部分在压接前应完整、良好，导线的连接部分不得有线股绞制不良、断股、缺股等缺陷。连接后管口附近不得有明显的松股现象；距管口 15m 范围内不存在需要处理的缺陷。

（3）导地线端部在切割前应校直，并采取防止散股措施。每次断线时线头都需用卡箍或细铁丝绑扎开断处两端，以免断线后导地线松股，穿管困难。

（4）切割时，断面应与轴线垂直，切断铝股时内层铝股不得直接锯断，应锯断 3/4 股后手动掰断，以防止伤及钢芯。

（5）工程所使用的各种接续管及耐张管在使用前首先要检查外观及尺寸是否符合设计要求。外观主要检查管子内外表面是否平整、光滑，有无砸痕、划伤等。尺寸检查必须用游标卡尺（精度为 0.02mm）测量受压部分的内、外径和用钢卷尺测量各部长度，其尺寸、公差应符合 GB/T 2314《电力金具通用技术条件》的要求。

（6）压接管的锌渣等应清除，内壁必须用汽油或酒精清洁。

（7）穿管时应顺绞线绞制方向旋转推入，防止松股。为方便穿铝管，用铝锉将导线断面进行倒角处理。注意在穿管后检查管口两端的导线铝股有无散股情况，如有散股应将散股赶至端头。

（8）进行液压连接时，在施压前后必须复查连接管在导线上的位置，保证管端与导线上的印记在压前与定位印记重合，在压后与检查印记距离符合规定。

（9）预偏值设定。压接伸长量应通过理论计算，并经实践论证，确定采用的"倒压""顺压"的预偏值。预偏值主要与此次压接管材料、压接长度、压接机吨位、压模宽度、前后模间搭接宽度、保压时间、压接管表面光滑情况等有关。

（10）耐张线夹钢锚环与引流管的相对位置。在耐张线夹钢锚与铝管穿位完成后，分别转动耐张线夹钢锚和铝管至规定的方向。用标记笔自耐张线夹铝管至钢锚画一直线，压接时保持耐张铝管与钢锚的标记线在一条直线上。

（11）严格按规程要求的顺序进行施压，严禁对各压接管采用先压两端、再压中间的违规操作。

3. 质量要求

（1）压接管压完后有飞边时，应将飞边锉掉，铝管应锉为圆弧状，同时用细砂纸将锉过处磨光。管子压完后因飞边过大而使对边距尺寸超过规定值时，先查明原因，重新施压。

（2）钢管压后应涂防锈漆防腐，铝管管口涂红丹漆。

（3）接续管及耐张线夹压后应检查其外观质量，并应符合下列规定：

1）使用精度为 0.02mm 的游标卡尺测量压后尺寸 S（mm），其对边距的允许最大值为

$$S = 0.860D + 0.2$$

式中　D——压接管实际外径，mm。

但 3 个对边距只应有一个达到允许最大值，超过此规定时应更换钢模重压。

2）钢管压接后钢芯应露出钢管端部 3～5mm。

3）凹槽处压接完成后，应采用测量法或钢锚比对等方法校核钢锚的凹槽部位是否全部被铝管压住。

4）飞边、毛刺及表面未超过允许的损伤应挫平并用砂纸磨光。

5）弯曲度不得大于 1%，有明显弯曲时应校直，校直后的连接管严禁有肉眼可见的裂纹，无法校正时应割断重接。

6）压接后导线无明显的松股、背股、起灯笼等现象。

第七章

导地线压接质量要求和检测方法

输电线路的导地线连接是施工工程中主要分项工作之一，也是输配电线路施工中的主要隐蔽工程，它直接关系到输配电线路的质量和今后的安全运行。因此，质量检查人员必须掌握导地线的连接，无论采用哪种方法，都应符合技术要求、操作方法及注意事项，在现场进行监督，保证工程质量。

第一节　导地线压接质量要求

一、一般规定

（1）各种接续管、耐张管及钢锚连接前必须测量管的内、外直径及管壁厚度、管的长度，并应符合有关规程规定。判定不合格者，严禁使用。

（2）接续管及耐张管压后应检查其外观质量，并应符合下列规定：

1）使用精度不低于 0.1mm 的游标卡尺测量压后尺寸，其允许偏差必须符合 SDJ 226《架空电力线路导线及避雷线液压施工工艺规程（试行）》的规定；

2）飞边、毛刺及表面未超过允许的损伤应锉平并用不粗于 0 号细砂纸磨光；

3）弯曲度不得大于 2％，超过 2％尚可校直时应校直；

4）校直后的接续管严禁有裂纹，达不到规定时应割断重接；

5）裸露的接续钢管压后应涂防锈漆。

（3）在一个档距内每根导线或架空地线上只允许有一个接续管和两个补修管，并应满足下列规定：

1）各类压接管与耐张线夹出口间的距离不应小于 15m；

2）接续管或补修管与悬垂线夹中心的距离不应小于 5m；

3）接续管或补修管与间隔棒中心的距离不宜小于 0.5m；

4）宜减少因损伤而增加的接续管。

二、相关规定

常用导线或架空地线的接续管、耐张线夹及补修管等采用液压连接时，必须符合 SDJ 226《架空电力线路导线及避雷线液压施工工艺规程（试行）》的规定。对于新型的接续管、耐张线夹及补修管的压接工艺，应经试验及审批。

（一）试件的握着力

导地线的液压连接质量，可按以下进行检查。

（1）对工程实际使用的导线避雷线及相应的接续管、耐张线夹，按前述规定制做试件，每种型式不少于 3 根试件。对试件进行检查和测试，每组试件的握着力均不应小于导线或避雷线保证计算拉断力的 95％。导线或地线的保证计算拉断力可查阅 GB/T 1179《圆线同心绞架空导线》。

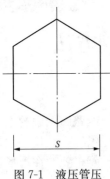

图 7-1 液压管压
后对边距 S

（2）如有一根试件握力未达到要求时，应查明原因，改进后试件加倍再进行试验，直到全部合格为准。

（二）液压管的压后对边距 S

各种液压管的压后对边距尺寸 $S(\text{mm})$ 如图 7-1 所示，其最大允许值计算式为

$$S = 0.86D + 0.2$$

式中　D——管实际外径，mm。

3 个对边只允许有一个达到最大值。超过此规定时应更换钢模重新进行液压。

（三）平直度

液压后，不得出现肉眼可见的管子扭曲和弯曲现象，有明显弯曲时应校直，校直后不得出现裂缝，否则应割掉重新进行液压。

（四）填好压接施工记录

各液压管施压后，应认真填写记录。液压操作人员自检合格后，在管子指定部位打上自己的钢印。质检人员检查合格后，在记录表上签名。

施工检验及评定记录见附录 G。

三、碳纤维导线对施工工艺的要求

主要有以下几点：

（1）碳纤维导线铝股部分采用的高纯度铝材，要求采用张力放线，放线、安装过程中不允许有任何挤压、磕碰，防止损伤导线，碳纤维芯也不允许有划痕，否则会大大影响棒芯的强度，造成断裂。

（2）放线张力机主轮半径应大于或等于 40D（D 为导线直径），张力机的主轮到第一个铁塔的距离应该为放线滑车高度的 3 倍。滑轮半径应≥20D，牵引角度较大时应采用双滑轮。

（3）普通钢芯铝绞线相邻层单丝为逆向绞合（包括钢芯最外层与铝线最内层之间也如此），因此，相邻层绞线之间不会产生滑动，与钢芯铝绞线不同，碳纤维导线中心（也是承载部分）为碳纤维棒芯，其外表面较光滑，容易与铝绞线之间产生滑动，放线牵引时需先行将耐张线夹与碳纤维芯连接部分安装后再装设牵引网套牵引。

（4）由于碳纤维棒芯非常脆硬，不允许有折弯，因此在施工中导线接续安装需在杆塔上完成。避免因放线时导线接头过滑车而造成棒芯断裂。

（5）导线压接模具需与导线厂家配合进行设计或改造。在运行检修中需要注意：导线断股不超过两股的情况下，可采用常规方法进行修补，如断股超过两股则需要更换导线。从国电电力建设研究所完成的"Drake 导线与钢芯铝绞线 LGJ2-400/35 自阻尼性能对比试验"结果来看，在 15％RTS、25％RTS 和 40％RTS 的试验张力下，各种频率振动时碳纤维导线的振幅均小于钢芯铝绞线，即 ACCC 导线的自阻尼性能要优于钢芯铝绞线，从这一方面来看，碳纤维导线振动断股的概率要小于钢芯铝绞线；但从另一方面看，由于碳纤维导线铝线采用的是高纯度的软铝，而钢芯铝绞线的铝线为电工铝，后者的硬度要高于前者，也就是说在发

生外力破坏的情况下，碳纤维导线被破坏的概率要高于钢芯铝绞线。

第二节　导地线压接 X 射线无损检测技术

一、X 射线无损检测技术

X 射线无损检测技术是一种可以实时成像的新型检测技术，能够在不停电、不解体的情况下，通过多方位 X 射线透视成像，配合专用的图像处理与识别技术，实现输电线路部件内部材料、结构的可视化与运行状态的快速诊断，可极大地提高故障定位与判别的准确性。为输电线路交跨处耐张线夹 X 射线探伤检测提供了指导意见。

X 射线能使某些荧光物质发光，1895 年德国物理学家伦琴（Roentgen）（1845～1923）因为这一现象首次发现了 X 射线。X 射线是一种波长在 $10^{-9}\sim10^{-13}\,\mathrm{m}$ 的电磁辐射波，在 X 射线电磁光谱范围内，许多材料，包括铁、铝、陶瓷等都是透明的。在 X 射线穿过物体后，可以引起胶片或闪烁体的感光，从而将物体内部的密度、零件位置等信息反映到胶片或探测器上。由于这种特性，X 射线实时成像技术作为一种常规的无损检测（NDT）方法在工业、医疗、民用等领域中得到广泛的应用，系统原理如图 7-2 所示。

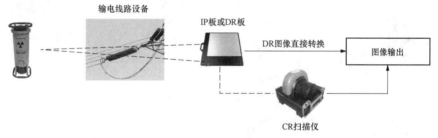

图 7-2　系统原理图

X 射线数字成像技术有数字射线成像（Digital Radiography，DR）和计算机射线成像（Computed Radiography，CR）两种。两者信号采集与处理不同，DR 技术直接转换成数字图像，CR 技术需要用扫描仪将图像从 IP 板等扫描成数字图像。

二、应用范围

（一）可检测的输电线路设备类型

X 射线数字成像无损检测广泛适用于输电线路的封闭不可视部件，包括绝缘子、线夹、导线等。绝缘子及耐张线夹如图 7-3 所示。

(a) 绝缘子　　　　　　　　　　　　　(b) 耐张线夹

图 7-3　绝缘子及耐张线夹

（二）可检测的缺陷类型

1. 装配类缺陷

来源于安装错位、运行振动松动等情况下的缺陷。如耐张线夹铝管和钢芯压接不到位等典型缺陷。

2. 材料类缺陷

来源于不正确安装施加外力、划伤、运行振动及磨损情况下的缺陷。该类缺陷包括表面裂纹、绝缘子内部气泡等几种典型缺陷。

（三）DRSmart-SC 装置及系统

系统架构如图 7-4 所示。

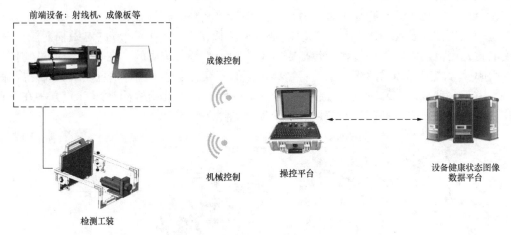

图 7-4 系统架构图

（四）前端设备

1. 脉冲射线机

脉冲射线机如图 7-5 所示。

考虑输电线路设备 X 射线检测的实际需求，射线机采用脉冲机。

2. 恒压射线机

恒压射线机如图 7-6 所示。

图 7-5 脉冲射线机

图 7-6 恒压射线机

3. 数字平板成像器

数字平板成像器如图 7-7 所示。

（五）现场检测工装

检测装置：根据实际环境和杆塔结构要求，能够在不同分裂型式导线上实时检测，如图 7-8 所示。

图 7-7　数字平板成像器

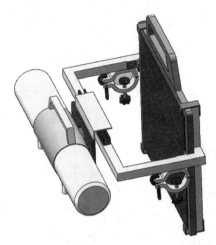

图 7-8　装置组成图

检测设备 X 发射机到成像板的距离为 30cm（小于相邻导线间距 40cm，也小于导线与均压环间距 60cm），且整个装置设计质量不超过 2kg，便于高空吊装工作的合理施展。现场使用实景如图 7-9 所示。

图 7-9　现场使用实景

（六）供电方案

供电方案为成像板自带锂电池直接供电。

射线机采用两组 12V-150AH-500W 磷酸铁锂电池主电源＋1 组 1000W 发电机辅助电源的方式，保障连续不间断供电，电源方案如图 7-10 所示。

(a) 外观

(b) 结构

图 7-10　电源方案

（七）操控及图像处理平台

（1）具备一键式图像采集及处理功能。

（2）提供成像过程的影像记录，可用于巡检工作的回放、查找工作。

（3）监测设备根据不同的压接管尺寸，计算出合适的计算射线，选定可穿透的最小管电压，根据射线机和成像板之间的距离自动计算射线发散的角度，同时具备这些图像采集参数的自动设置和远程人工调整能力。

图 7-11　操控及图像处理平台

（4）提供图像变换、增强、边缘检测、图像恢复、图像分割等一系列图像处理方法，提高 X 射线图像相对质量，以便有效提取信息。

（5）以 X 射线检测图像为基础，结合检测参数设置、检测设备与被检测设备的相对位置、设备原始图纸尺寸，进行尺寸量化及缺陷定位，操控及图像处理平台如图 7-11 所示。

（八）操作

射线机、数字平板成像器、检测工装均自带电池，同时通过无线通信方式与后端控制设备交互，无需线缆连接，方便携带和部署。同时也解决了高压输电线路杆塔上取电困难的问题。登塔固定后，通过遥控方式操作。

（九）图像处理及智能分析

（1）提供整体放大、局部放大、窗位调节、图像旋转等图像操作，便于检测人员对 X 射线图像进行观察和初步人工分析。

（2）通过图像拼接、图像变换、增强、边缘检测、图像恢复、图像分割等一系列图像处理方法，提高 X 射线图像相对质量，图像拼接如图 7-12 所示。

（3）基于设备原始图纸或模型、X 射线检测图像、缺陷特征样本的设备综合图谱库，通过智能分析自动识别设备内部在制造、组装和安装等环节控制不当引起的异物、裂纹、变形等缺陷。

（4）以 X 射线检测图像为基础，结合检测参数设置、检测设备与被检测设备的相对位

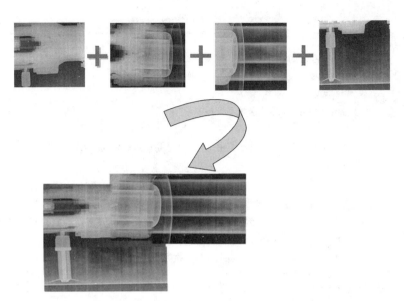

图 7-12　图像拼接

置、设备原始图纸及尺寸，对设备缺陷进行精确定位。

三、设备人员配置清单

（1）检测设备配置见表 7-1。

表 7-1　　　　　　　　　　　　检测设备配置表

序号	设备名称	厂家及型号	数量	主要技术参数
1	X 射线机	MRCH160	根据实际要求	高度：85cm 直径：25cm 质量：40kg 最大电流：5.0mA 最大电压：160kV
2	成像板	Rayence	根据实际要求	像素间距：200μm 质量：6kg 有效面积：410mm×410mm 图像格式：2048mm×2048mm 成像时间：130ms 空间分辨率：25lp/cm
3	图像处理软件	SCOM-DR01	根据实际要求	提供图像增强、去噪及拼接等功能

（2）人员配置见表 7-2。

表 7-2　　　　　　　　　　　　人员配置表

工作组配备	（1）平均每个射线检测组（5 人）利用 X 射线检测系统平均检测一个点需要 20～30min。 （2）工作组数量根据工程实际需求配置

工作组成员及分工	(1) 每小组 5 人。 (2) 其中现场负责人 1 人，负责现场安全及巡视。 (3) 地面 2 人，负责拉绝缘吊绳传递物品，负责操作 X 射线成像系统操作及指导塔上人员安装仪器设备。 (4) 指导塔上人员安装仪器设备。 (5) 塔上 2 人，负责仪器装卸。 (6) 各作业人员随工作进程由工作负责人指派担负相应的工作，工作人员必须经培训合格，持证上岗
作业人员职责	(1) 工作负责人（监护人）：组织并合理分配工作，进行安全教育，督促、监护工作人员遵守安全规程，检查安全措施是否正确完备，安全措施是否符合现场实际条件。一般情况下，工作前对工作人员交代安全事项，对整个工程的安全技术等负责，工作结束后总结经验和不足之处。工作负责人（监护人）不得兼做其他工作。 (2) 工作班成员：认真努力学习本作业指导书，严格遵守、执行安全规程和现场安全措施，互相关心施工安全

（3）工具器材清单见表 7-3。

表 7-3　　　　　　　　　　　　工具器材清单配置表

序号	名称	规格	单位	数量
1	检测工装及其设备箱		套	2
2	安全带		条	4
3	接地线		组	4
4	大功率喊话器		套	2
5	对讲机		个	4
6	防护铅帘		个	2
7	辐射防护铅服		套	6
8	个人剂量计/剂量片		个	6
9	便携式辐射监测仪		个	2
10	声光报警装置		套	2
11	绝缘手套		副	4
12	验电器	相应的电压等级	支	2
13	设备保险绳		根	8
14	绝缘吊绳		根	8
15	警示带	200m/卷	卷	3
16	警示牌	监督区和控制区分别设置带立杆	个	4
17	个人工具	含各种钳、刀工具	套	2

四、检测流程

1. 地面操作

（1）将装置由分散部件通过固定板组装成为完整的装置。

（2）根据现场实际情况确定射线机与成像板位置，固定好相关设备。

（3）维持卡箍打开状态。

（4）将带保护套的成像板放入固定框，并将其固定牢靠。

（5）将射线机包裹保护层后通过固定装置和装置上的滑轨固定，使用螺钉将固定板与射线机可靠连接。

（6）将射线机熔断器绳的一端与射线机可靠连接（射线机把手位置或外框适当位置）。熔断器示意如图 7-13 所示。

（7）将成像板熔断器绳的一端与成像板可靠连接（成像板把手位置或外框适当位置），吊装示意如图 7-14 所示。

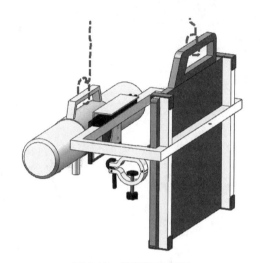

图 7-13 熔断器示意图

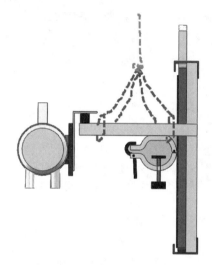

图 7-14 吊装示意图

2. 人员上塔

（1）登塔时，将吊装绳的一头随操作人员带上塔。观察塔上可靠点，将吊装绳放置在吊装位置。

（2）按照相关规范完成吊装设备的安装后，方可进行设备的吊装。

3. 设备吊装

（1）在吊离地面 1m 时检查吊装装置及检测设备各部分的可靠性，确保无松动或变形的部件。

（2）确认无误后，继续吊装至线夹检测的部位（吊装过程务必谨慎小心，确保人员及设备安全）。

（3）吊装到位后使用接地线将射线机与塔身相连。

4. 设备通信调试

吊装到位后，根据现场实际情况，需要对检测设备的通信供能进行调试，确保各个模块间、模块与地面控制台的通信正常，避免后期通电后通信却无法实现的情况出现。

5. X 射线检测步骤

（1）装置吊装到位后，塔上工作人员首先需将射线机及成像板熔断器绳的另外一端挂接到导线或其他金具的可靠位置，检测点示意如图 7-15 所示。

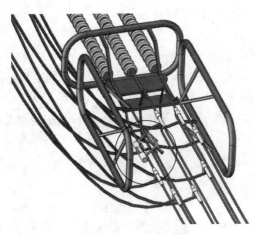

图 7-15　检测点示意图

（2）工作人员再将被测压接管固定到设备卡箍中。调节到适当位置，并固定牢靠。

（3）当被测位置确定后，通过旋转装置，使被测设备处于拍摄最稳定的角度。然后通过调节紧固调节钉，使设备完全固定。

（4）塔上人员通过通信设备和地面人员沟通，微调最终拍摄位置和各个参数。全部确认无误后，塔上工作人员撤离到安全位置。

（5）通电，开始拍摄。

重复（1）～（4）的操作，完成其他点位的检测。

附录 A 圆线同心绞架空导线的型号和名称

型 号	名 称
JL	铝绞线
JLHA1、JLHA2、JLHA3、JLHA4	铝合金绞线
JL/G1A、JL/G2A、JL/G3A JL1/G1A、JL1/G2A、JL1/G3A JL2/G1A、JL2/G2A、JL2/G3A JL3/G1A、JL3/G2A、JL3/G3A	钢芯铝绞线
JL/G1A、FJL/G2A、FJL/G3AF JL1/G1A、FJL1/G2A、FJL1/G3AF JL2/G1A、FJL2/G2A、FJL2/G3AF JL3/G1A、FJL3/G2A、FJL3/G3AF	防腐型钢芯铝绞线
JLHA1/G1A、JLHA1/G2A、JLHA1/G3A JLHA2/G1A、JLHA2/G2A、JLHA2/G3A JLHA3/G1A、JLHA3/G2A、JLHA3/G3A JLHA4/G1A、JLHA4/G2A、JLHA4/G3A	钢芯铝合金绞线
JLHA1/G1A、FJLHA1/G2A、FJLHA1/G3AF JLHA2/G1A、FJLHA2/G2A、FJLHA2/G3AF JLHA3/G1A、FJLHA3/G2A、F JLHA3/G3AF JLHA4/G1A、FJLHA4/G2A、F. JLHA4/G3AF	防腐型钢芯铝合金绞线
JL/LHA1、JL1/LHA1、JL2/LHA1、JL3/LHA1 JL/LHA2、JL1/LHA2、JL2/LHA2、JL3/LH A2	铝合金芯铝绞线
JL/LB14、JL1/LB14、JL2/LB14、JL3/LB14、JL/LB20A JL1/LB20A、JL2/LB20A、JL3/LB20A	铝包钢芯铝绞线
JLHA1/LB14、JLHA2/LB14 JLHA1/LB20A、JLHA2/LB20A	铝包钢芯铝合金绞线
JLHA1/LB14、FJLHA2/LB14F JLHA1/LB20A、FJLHA2/LB20AF	防腐型铝包钢芯铝合金绞线
JG1A、JG2A、JG3A、JG4A、JG5A	钢绞线
JLB14、JLB20A、JLB27、JLB35、JLB40	铝包钢绞线

附录 B 型线参数规格

表 B-1   一些 JLX 导线的特性

规格	面积（mm²）	直径（mm）	单位长度质量（kg/m）	计算拉断力（kN）	直流电阻 20℃（Ω/km）
100	100	12.16	0.275	17.5	0.2873
125	125	13.42	0.344	21.3	0.2299
160	160	15.01	0.439	27.2	0.1796
200	200	16.65	0.550	33	0.1437
250	250	18.49	0.688	41.3	0.1149
315	315	20.65	0.866	52	0.0912
400	400	23.57	1.105	66	0.0722
450	450	24.91	1.244	74.3	0.0642
500	500	26.20	1.383	82.5	0.0578
560	560	27.62	1.548	92.4	0.0516
630	630	29.23	1.742	100.8	0.0459
710	710	31.11	1.964	115.5	0.0407
800	800	32.97	2.212	128	0.0361
900	900	35.06	2.495	148.5	0.0322
1000	1000	36.87	2.772	160	0.0290

注：绞合增量差异与 GB/T 1179 有细微差别。

表 B-2   一些 JLX/G1A 导线的特性

标称面积（mm²）	规格	钢线		导线直径（mm）	单位长度质量（kg/km）			计算拉断力（kN）	直流电阻 20℃（Ω/km）
		根数（根）	直径（mm）		铝	钢	总和		
100/17	100	1	4.61	12.0	274	130	404	34.8	0.2855
125/7.5	125	1	3.09	13.5	342	59	401	28.9	0.2284
160/10	160	1	3.49	15.3	441	75	516	37	0.1798
208/28	208	7	2.25	18.3	576	217	793	66.9	0.1383
250/32	250	7	2.43	19.9	690	255	945	78.3	0.1153
300/39	300.5	7	2.67	21.8	831	307	1139	94.4	0.0961
370/48	370.9	7	2.96	24.1	1026	377	1403	114	0.0777
400/52	400	7	3.07	25.1	1104	407	1511	121	0.0721
456/59	456	7	3.28	26.7	1259	463	1722	138	0.0632
505/65	505.3	7	3.45	28.1	1395	513	1908	153	0.0571
593/77	593.5	7	3.74	31.2	1646	602	2248	185	0.0488
622/153	622.5	19	3.20	34.0	1834	1198	3032	276	0.0437
710/114	710	19	2.76	34.1	1976	894	2870	246	0.0410
731/77	731.5	19	2.27	34.0	2032	603	2635	210	0.0367
800/128	800	19	2.93	36.2	2226	1007	3233	275	0.0363
902/74	901.9	19	2.22	36.1	2518	579	3097	235	0.0323
975/167	974.9	19	3.34	40.6	2728	1308	4036	345	0.0300
1000/130	1000	19	2.95	39.8	2779	1023	3802	308	0.0290
1092/89	1092.5	19	2.44	40.6	3046	701	3747	280	0.0267

附录 C　圆线同心绞架空导线产品的弹性模量和线膨胀系数

表 C-1　　铝绞线、铝合金绞线及铝合金芯铝绞线的弹性模量和线膨胀系数

单线根数	最终弹性模量（GPa）	线膨胀系数（×10⁻⁶/℃）
7	59.0	23.0
19	55.0	23.0
37	55.0	23.0
61	53.0	23.0
91	53.0	23.0

表 C-2　　钢绞线的弹性模量和线膨胀系数

单线根数	最终弹性模量（GPa）	线膨胀系数（×10⁻⁶/℃）
7	205.0	11.5
19	190.0	11.5
37	185.0	11.5
61	180.0	11.5

表 C-3　　铝包钢绞线的弹性模量和线膨胀系数

单线根数	最终弹性模量（GPa）					线膨胀系数（×10⁻⁶/℃）				
	JLB14	JLB20A	JLB27	JLB35	JLB40	JLB14	JLB20A	JLB27	JLB35	JLB40
7	161.5	153.9	133.0	115.9	103.6	12.0	13.0	13.4	14.5	15.5
19	161.5	153.9	133.0	115.9	103.6	12.0	13.0	13.4	14.5	15.5
37	153.0	145.8	126.0	109.8	98.1	12.0	13.0	13.4	14.5	15.5
61	153.0	145.8	126.0	109.8	98.1	12.0	13.0	13.4	14.5	15.5

表 C-4　　钢芯铝绞线、钢芯铝合金绞线的弹性模量和线膨胀系数

单线根数		钢比（%）	最终弹性模量（GPa）	线膨胀系数（×10⁻⁶/℃）
铝/铝合金	钢			
6	1	16.7	74.3	18.8
7	7	19.8	77.7	18.3
12	7	58.3	104.7	15.3
18	1	5.6	62.1	21.1
22	7	9.8	67.1	20.1
24	7	13.0	70.5	19.4
26	7	16.3	73.9	18.9
30	7	23.3	80.5	17.9
42	7	5.2	61.6	21.3
45	7	6.9	63.7	20.8

单线根数		钢比（%）	最终弹性模量（GPa）	线膨胀系数（×10⁻⁶/℃）
铝/铝合金	钢			
48	7	8.8	65.9	20.3
54	7	13.0	70.5	19.4
54	19	12.7	70.2	19.5
72	7	4.3	60.6	21.5
72	19	4.2	60.5	21.5
76	7	5.6	62.2	21.1
84	7	8.3	65.4	20.4
84	19	8.1	65.2	20.5
88	19	9.6	66.8	20.1

表 C-5　　　　　铝包钢芯铝绞线、铝包钢芯铝合金绞线的弹性模量和线膨胀系数

单线根数		钢比（%）	最终弹性模量（GPa）		线膨胀系数（×10⁻⁶/℃）	
铝/铝合金	铝包钢		LB14	LB20A	LB14	LB20A
6	1	16.7	71.4	70.3	19.3	19.7
7	7	19.8	74.0	72.7	18.8	19.3
12	7	58.3	97.4	94.4	15.9	16.7
18	1	5.6	61.6	60.6	21.4	21.6
22	7	9.8	65.3	64.6	20.4	20.8
24	7	13.0	68.2	67.2	19.9	20.2
26	7	16.3	71.1	70.0	19.3	19.8
30	7	23.3	76.8	75.2	18.4	18.9
42	7	5.2	60.6	60.3	21.5	21.7
45	7	6.9	62.4	61.9	21.1	21.3
48	7	8.8	64.3	63.6	20.6	20.9
54	7	13.0	68.2	67.3	19.9	20.2
54	19	12.7	68.0	67.0	19.9	20.3
72	7	4.3	59.8	59.4	21.7	21.9
72	19	4.2	59.6	59.3	21.7	21.9
84	7	8.3	63.8	63.2	20.7	21.0
84	19	8.1	63.7	63.1	20.8	21.1

附录 D 扩径导线参数规格

规格	扩径比	面积（mm²）		HDPE（高密度聚乙烯）	HDPE直径（mm）	钢线 根数（根）	钢线 直径（mm）	导线直径(mm)	单位长度质量（kg/km）	额定抗拉力（kN） JLXK/G2A	额定抗拉力（kN） JLXK/G3A	直流电阻20℃（Ω/km）
		铝	钢									
400（500）	1.25	403.6	51.82	114.6	18.8	7	3.07	30.1	1629	125.6	132.9	0.0715
500（630）	1.26	500.0	64.68	149.4	21.4	7	3.43	33.8	2029	156.2	165.3	0.0577
630（800）	1.27	632.7	43.41	191.6	23.4	7	2.81	37.6	2270	151.7	157.4	0.0456
720（900）	1.25	720.8	49.15	211.3	24.6	7	2.99	39.9	2577	172.5	178.9	0.0401
500（720）	1.44	502.3	64.68	214.8	25.1	7	3.43	36.3	2098	156.6	165.6	0.0575
630（900）	1.43	630.0	50.14	262.1	27.2	7	3.02	40.0	2366	155.0	164.7	0.0458
720（1000）	1.39	722.0	49.15	279.2	28.0	7	2.99	42.1	2645	172.7	179.0	0.0400

附录 E 圆线同心绞架空导线尺寸及性能表

表 E-1   JL 铝绞线性能

标称截面面积（mm²）	计算面积（mm²）	单线根数（根）	直径（mm）		单位长度质量（kg/km）	额定拉断力（kN）	20℃直流电阻（Ω/km）
			单线	绞线			
10	10.0	7	1.35	4.05	27.4	1.95	2.8578
16	16.1	7	1.71	5.13	44.0	3.05	1.7812
25	24.9	7	2.13	6.39	68.3	4.49	1.1480
35	34.4	7	2.50	7.50	94.1	6.01	0.8333
40	40.1	7	2.70	8.10	109.8	6.81	0.7144
50	49.5	7	3.00	9.00	135.5	8.41	0.5787
63	63.2	7	3.39	10.2	173.0	10.42	0.4532
70	71.3	7	3.60	10.8	195.1	11.40	0.4019
95	95.1	7	4.16	12.5	260.5	15.22	0.3010
100	100	19	2.59	13.0	275.4	17.02	0.2874
120	121	19	2.85	14.3	333.5	20.61	0.2374
125	125	19	2.89	14.5	343.0	21.19	0.2309
150	148	19	3.15	15.8	407.4	24.43	0.1943
160	160	19	3.27	16.4	439.1	26.33	0.1803
185	183	19	3.50	17.5	503.0	30.16	0.1574
200	200	19	3.66	18.3	550.0	31.98	0.1439
210	210	19	3.75	18.8	577.4	33.58	0.1371
240	239	19	4.00	20.0	657.0	38.20	0.1205
250	250	19	4.09	20.5	686.9	39.94	0.1153
300	298	37	3.20	22.4	820.7	49.10	0.0969
315	315	37	3.29	23.0	867.6	51.90	0.0917
400	400	37	3.71	26.0	1103.2	64.00	0.0721
450	451	37	3.94	27.6	1244.2	72.18	0.0639
500	503	37	4.16	29.1	1387.1	80.46	0.0573
560	560	37	4.39	30.7	1544.7	89.61	0.0515
630	631	61	3.63	32.7	1743.8	101.0	0.0458
710	710	61	3.85	34.7	1961.5	113.6	0.0407
800	801	61	4.09	36.8	2213.7	128.2	0.0360
900	898	61	4.33	39.0	2481.1	143.7	0.0322
1000	1001	61	4.57	41.1	2763.8	160.1	0.0289
1120	1121	91	3.96	43.6	3099.2	170.4	0.0258
1250	1249	91	4.18	46.0	3453.1	189.8	0.0232
1400	1403	91	4.43	48.7	3878.5	213.2	0.0206
1500	1499	91	4.58	50.4	4145.6	227.9	0.0193

表 E-2　　　　　　　　　JLHA1、JLHA2 铝合金绞线性能

标称截面面积（mm²）	计算面积（mm²）	单线根数（根）	直径（mm）		单位长度质量（kg/km）	额定拉断力（kN）		20℃直流电阻（Ω/km）	
			单线	绞线		JLHA1	JLHA2	JLHA1	JLHA2
16	16.1	7	1.71	5.13	44.0	5.22	4.74	2.0695	2.0500
20	18.4	7	1.83	5.49	50.4	5.98	5.43	1.8070	1.7900
25	24.9	7	2.13	6.39	68.3	8.11	7.36	1.3339	1.3213
30	28.8	7	2.29	6.87	79.0	9.37	8.51	1.1540	1.1431
35	34.9	7	2.52	7.56	95.6	11.35	10.30	0.9529	0.9439
45	45.9	7	2.89	8.67	125.7	14.92	13.55	0.7246	0.7177
50	50.1	7	3.02	9.06	137.3	16.30	14.79	0.6635	0.6573
70	70.1	7	3.57	10.7	191.9	22.07	20.67	0.4748	0.4703
75	72.4	7	3.63	10.9	198.4	22.82	21.37	0.4593	0.4549
95	95.1	7	4.16	12.5	260.5	29.97	28.07	0.3497	0.3464
120	115	19	2.78	13.9	317.3	37.48	34.02	0.2899	0.2871
145	143	19	3.10	15.5	394.6	46.61	42.30	0.2331	0.2309
150	150	19	3.17	15.9	412.6	48.74	44.24	0.2229	0.2208
185	184	19	3.51	17.6	505.9	57.91	54.24	0.1818	0.1801
210	210	19	3.75	18.8	577.4	66.10	61.91	0.1593	0.1578
230	230	19	3.93	19.7	634.2	72.60	67.99	0.1451	0.1437
240	240	19	4.01	20.1	660.3	75.59	70.79	0.1393	0.1380
300	299	37	3.21	22.5	825.9	97.32	88.33	0.1119	0.1109
360	362	37	3.53	24.7	998.8	114.1	106.8	0.0925	0.0917
400	400	37	3.71	26.0	1103.2	126.0	118.0	0.0838	0.0830
465	460	37	3.98	27.9	1269.6	145.0	135.8	0.0728	0.0721
500	500	37	4.15	29.1	1380.4	157.7	147.6	0.0670	0.0663
520	518	37	4.22	29.5	1427.4	163.0	152.7	0.0648	0.0641
580	575	37	4.45	31.2	1587.2	181.3	169.8	0.0582	0.0577
630	631	61	3.63	32.7	1743.8	198.9	186.2	0.0532	0.0527
650	645	61	3.67	33.0	1782.4	203.3	190.4	0.0520	0.0515
720	725	61	3.89	35.0	2002.5	228.4	213.9	0.0463	0.0459
800	801	61	4.09	36.8	2213.7	252.5	236.4	0.0419	0.0415
825	817	61	4.13	37.2	2257.2	257.4	241.1	0.0411	0.0407
930	919	61	4.38	39.4	2538.8	289.5	271.1	0.0365	0.0362
1000	1001	61	4.57	41.1	2763.8	315.2	295.2	0.0335	0.0332
1050	1037	91	3.81	41.9	2868.8	310.5	290.8	0.0324	0.0321
1150	1161	91	4.03	44.3	3209.7	347.4	325.3	0.0289	0.0287
1300	1291	91	4.25	46.8	3569.7	386.3	361.8	0.0260	0.0258
1450	1441	91	4.49	49.4	3984.2	431.2	403.8	0.0233	0.0231

表 E-3   **JLHA3、JLHA4 铝合金绞线性能**

标称截面面积（mm²）	计算面积（mm²）	单线根数（根）	直径（mm）		单位长度质量（kg/km）	额定拉断力（kN）		20℃直流电阻（Ω/km）	
			单线	绞线		JLHA3	JLHA4	JLHA3	JLHA4
25	24.9	7	2.13	6.39	68.3	6.24	7.23	1.1971	1.2285
35	34.4	7	2.50	7.50	94.1	8.59	9.96	0.8689	0.8918
40	40.1	7	2.70	8.10	109.8	10.02	11.62	0.7450	0.7646
50	49.5	7	3.00	9.00	135.5	11.88	13.61	0.6034	0.6193
70	71.3	7	3.60	10.8	195.1	17.10	18.88	0.4191	0.4301
95	95.1	7	4.16	12.5	260.5	21.88	24.26	0.3138	0.3221
100	100	19	2.59	13.0	275.4	25.03	29.03	0.2997	0.3076
120	121	19	2.85	14.3	333.5	30.30	35.15	0.2475	0.2540
125	125	19	2.89	14.5	343.0	31.16	36.14	0.2407	0.2471
150	148	19	3.15	15.8	407.4	35.54	40.72	0.2026	0.2080
185	183	19	3.50	17.5	503.0	43.87	48.44	0.1641	0.1684
200	200	19	3.66	18.3	550.0	47.98	52.97	0.1501	0.1540
210	210	19	3.75	18.8	577.4	50.36	55.61	0.1430	0.1467
240	239	19	4.00	20.0	657.0	54.92	60.88	0.1257	0.1290
250	250	19	4.09	20.5	686.9	57.41	63.65	0.1202	0.1234
275	276	37	3.08	21.6	760.3	66.16	75.81	0.1091	0.1120
280	279	37	3.10	21.7	770.2	67.02	76.80	0.1077	0.1105
300	298	37	3.20	22.4	820.7	71.42	81.83	0.1011	0.1037
315	315	37	3.29	23.0	867.6	75.49	86.50	0.0956	0.0981
335	336	37	3.40	23.8	926.5	80.62	92.38	0.0895	0.0919
340	340	37	3.42	23.9	937.5	81.57	93.47	0.0885	0.0908
400	400	37	3.71	26.0	1103.2	96.00	106.0	0.0752	0.0772
425	426	37	3.83	26.8	1175.7	102.3	113.0	0.0705	0.0724
450	451	37	3.94	27.6	1244.2	108.3	119.5	0.0667	0.0684
500	503	37	4.16	29.1	1387.1	115.7	128.2	0.0598	0.0614
530	531	61	3.33	30.0	1467.4	127.5	146.1	0.0567	0.0582
560	560	37	4.39	30.7	1544.7	128.8	142.8	0.0537	0.0551
630	631	61	3.63	32.7	1743.8	151.5	167.3	0.0477	0.0490
675	674	61	3.75	33.8	1861.0	161.7	178.5	0.0447	0.0459
710	710	61	3.85	34.7	1961.5	170.4	188.2	0.0424	0.0435
775	774	91	3.29	36.2	2139.2	176.4	202.1	0.0390	0.0400
800	801	61	4.09	36.8	2213.7	184.3	204.4	0.0376	0.0386
870	871	91	3.49	38.4	2407.2	198.5	227.4	0.0346	0.0355
900	898	61	4.33	39.0	2481.1	206.6	229.1	0.0335	0.0344
940	937	91	3.62	39.8	2589.8	213.5	235.8	0.0332	0.0330

续表

标称截面面积 (mm²)	计算面积 (mm²)	单线根数（根）	直径（mm） 单线	直径（mm） 绞线	单位长度质量 (kg/km)	额定拉断力 (kN) JLHA3	额定拉断力 (kN) JLHA4	20℃直流电阻 (Ω/km) JLHA3	20℃直流电阻 (Ω/km) JLHA4
975	973	91	3.69	40.6	2691.0	221.9	245.0	0.0310	0.0318
1000	1001	61	4.57	41.1	2763.8	230.1	255.1	0.0301	0.0309
1080	1082	91	3.89	42.8	2990.6	246.6	272.3	0.0279	0.0286
1120	1121	91	3.96	43.6	3099.2	255.5	282.2	0.0269	0.0276
1215	1213	91	4.12	45.3	3354.7	265.1	293.9	0.0249	0.0255
1250	1249	91	4.18	46.0	3453.1	272.9	302.5	0.0241	0.0248
1350	1352	91	4.35	47.9	3739.7	295.5	327.6	0.0223	0.0229
1400	1403	91	4.43	48.7	3878.5	306.5	339.8	0.0215	0.0221
1500	1499	91	4.58	50.4	4145.6	327.6	363.2	0.0201	0.0206
1645	1647	91	4.80	52.8	4553.4	359.8	398.9	0.0183	0.0188

表 E-4　　　　　　　　　JLB14、JLB20A 铝包钢绞线性能

标称截面面积 (mm²)	计算面积 (mm²)	单线根数（根）	直径（mm） 单线	直径（mm） 绞线	单位长度质量(kg/km) JLB14	单位长度质量(kg/km) JLB20A	额定拉断力（kN） JLB14	额定拉断力（kN） JLB20A	20℃直流电阻（Ω/km） JLB14	20℃直流电阻（Ω/km） JLB20A
30	29.1	7	2.30	6.90	210.4	194.2	46.24	38.97	4.2899	2.9540
35	34.4	7	2.50	7.50	248.6	229.4	54.63	46.04	3.6309	2.5002
40	41.6	7	2.75	8.25	300.7	277.6	66.11	55.71	3.0008	2.0663
45	46.2	7	2.90	8.70	334.5	308.7	73.52	61.96	2.6984	1.8581
50	49.5	7	3.00	9.00	357.9	330.3	78.67	66.30	2.5215	1.7363
55	56.3	7	3.20	9.60	407.2	375.9	87.26	75.44	2.2161	1.5260
65	67.3	7	3.50	10.5	487.2	449.6	104.4	85.53	1.8525	1.2756
70	71.3	7	3.60	10.8	515.4	475.7	108.6	90.49	1.7510	1.2057
80	79.4	7	3.80	11.4	574.3	530.0	120.7	99.24	1.5716	1.0822
90	90.2	7	4.05	12.2	652.3	602.1	137.1	109.1	1.3835	0.9527
95	95.1	7	4.16	12.5	688.2	635.2	144.6	112.3	1.3113	0.9030
80	80.3	19	2.32	11.6	583.8	538.8	127.7	107.6	1.5609	1.0748
100	101	19	2.60	13.0	733.2	676.7	160.4	135.2	1.2428	0.8558
120	121	19	2.85	14.3	881.0	813.1	192.7	162.4	1.0343	0.7122
150	148	19	3.15	15.8	1076.2	993.3	229.5	198.4	0.8467	0.5830
170	173	19	3.40	17.0	1253.9	1157.3	267.4	226.0	0.7267	0.5004
185	183	19	3.50	17.5	1328.7	1226.3	283.3	232.2	0.6858	0.4722
210	210	19	3.75	18.8	1525.3	1407.8	319.0	262.3	0.5974	0.4114
240	239	19	4.00	20.0	1735.4	1601.8	362.2	288.9	0.5251	0.3616
300	298	37	3.20	22.4	2168.0	2001.0	461.2	398.7	0.4223	0.2908

续表

标称截面面积 (mm²)	计算面积 (mm²)	单线根数 (根)	直径 (mm)		单位长度质量(kg/km)		额定拉断力 (kN)		20℃直流电阻 (Ω/km)	
			单线	绞线	JLB14	JLB20A	JLB14	JLB20A	JLB14	JLB20A
350	352	37	3.48	24.4	2564.0	2366.5	545.5	446.9	0.3571	0.2459
380	377	37	3.60	25.2	2743.9	2532.5	572.5	478.3	0.3337	0.2298
400	398	37	3.70	25.9	2898.4	2675.2	604.7	497.3	0.3159	0.2175
420	420	37	3.80	26.6	3057.2	2821.7	637.8	524.5	0.2995	0.2062
450	451	37	3.94	27.6	3286.6	3033.5	685.7	563.9	0.2786	0.1918
465	465	37	4.00	28.0	3387.5	3126.6	706.7	562.6	0.2703	0.1861
500	503	37	4.16	29.1	3663.9	3381.7	764.4	593.4	0.2499	0.1721
590	588	37	4.50	31.5	4287.3	3957.1	894.5	670.8	0.2135	0.1470
600	599	37	4.54	31.9	4363.9	4027.1	910.4	682.8	0.2098	0.1445
600	600	61	3.54	32.7	4380.6	4043.2	866.9	724.4	0.2096	0.1443
630	631	61	3.63	32.7	4606.2	4251.3	911.6	761.7	0.1993	0.1373
670	670	37	4.80	33.6	4878.0	4502.3	1004.3	716.4	0.1877	0.1292
800	805	61	4.10	36.9	5876.2	5423.5	1162.9	925.8	0.1563	0.1076

表 E-5　　　　　　　　JLB27、JLB35、JLB40 铝包钢绞线性能

标称截面面积 (mm²)	计算面积 (mm²)	单线根数 (根)	直径 (mm)		单位长度质量 (kg/km)			额定拉断力 (kN)			20℃直流电阻 (Ω/km)		
			单线	绞线	JLB27	JLB35	JLB40	JLB27	JLB35	JLB40	JLB27	JLB35	JLB40
35	34.4	7	2.50	7.50	205.7	179.3	161.5	37.11	27.83	23.37	1.8828	1.4524	1.2708
40	41.6	7	2.75	8.25	248.9	216.9	195.4	44.90	33.68	28.27	1.5561	1.2003	1.0502
45	46.2	7	2.90	8.70	276.8	241.2	217.3	49.94	37.45	31.44	1.3993	1.0794	0.9444
50	49.5	7	3.00	9.00	296.3	258.2	232.6	53.44	40.08	33.65	1.3075	1.0086	0.8825
55	56.3	7	3.20	9.60	337.1	293.7	264.6	60.80	45.60	38.28	1.1492	0.8865	0.7756
65	67.3	7	3.50	10.5	403.2	351.4	316.6	72.74	54.55	45.80	0.9606	0.7410	0.6483
70	71.3	7	3.60	10.8	426.6	371.8	334.9	76.95	57.71	48.45	0.9080	0.7004	0.6128
80	79.4	7	3.80	11.4	475.3	414.2	373.2	85.74	64.30	53.98	0.8149	0.6286	0.5500
90	90.2	7	4.05	12.2	539.9	470.5	423.9	97.39	73.04	61.32	0.7174	0.5534	0.4842
95	95.1	7	4.16	12.5	569.7	496.4	447.2	102.8	77.07	64.70	0.6800	0.5245	0.4589
100	101	19	2.60	13.0	606.9	528.9	476.5	108.9	81.71	68.60	0.6444	0.4971	0.4349
120	121	19	2.85	14.3	729.2	635.5	572.5	130.9	98.18	82.42	0.5363	0.4137	0.3620
150	148	19	3.15	15.8	890.8	776.3	699.4	159.9	119.9	100.7	0.4390	0.3387	0.2963
170	173	19	3.40	17.0	1037.9	904.4	814.8	186.3	139.7	117.3	0.3769	0.2907	0.2543
185	183	19	3.50	17.5	1099.8	958.4	863.5	197.4	148.1	124.3	0.3556	0.2743	0.2400
210	210	19	3.75	18.8	1262.5	1100.2	991.2	226.6	170.0	142.7	0.3098	0.2390	0.2091
240	239	19	4.00	20.0	1436.5	1251.8	1127.8	257.9	193.4	162.4	0.2723	0.2100	0.1838
300	298	37	3.20	22.4	1794.5	1563.8	1408.9	321.4	241.0	202.3	0.2190	0.1689	0.1478
350	352	37	3.48	24.4	2122.3	1849.4	1666.2	381.0	285.1	239.3	0.1852	0.1428	0.1250
380	377	37	3.60	25.2	2271.2	1979.1	1783.1	406.7	305.1	256.1	0.1730	0.1335	0.1168
400	398	37	3.70	25.9	2399.1	2090.6	1883.6	429.7	322.2	270.5	0.1638	0.1263	0.1105
420	420	37	3.80	26.6	2530.6	2205.1	1986.8	453.2	339.9	285.3	0.1553	0.1198	0.1048
450	451	37	3.94	27.6	2720.5	2370.6	2135.9	487.2	365.4	306.8	0.1444	0.1114	0.0975
465	465	37	4.00	28.0	2803.9	2443.4	2201.4	502.2	376.6	316.2	0.1401	0.1081	0.0946
500	503	37	4.16	29.1	3032.7	2642.7	2381.0	543.1	407.3	342.0	0.1296	0.1000	0.0875

续表

标称截面面积 (mm²)	计算面积 (mm²)	单线根数 (根)	直径 (mm)		单位长度质量 (kg/km)			额定拉断力 (kN)			20℃直流电阻 (Ω/km)		
			单线	绞线	JLB27	JLB35	JLB40	JLB27	JLB35	JLB40	JLB27	JLB35	JLB40
510	513	37	4.20	29.4	3091.3	2693.8	2427.0	553.6	415.2	348.6	0.1271	0.0981	0.0858
590	588	37	4.50	31.5	3548.7	3092.4	2786.2	635.5	476.7	400.2	0.1107	0.0854	0.0747
600	599	37	4.54	31.9	3612.1	3147.6	2835.9	646.9	485.2	407.3	0.1088	0.0839	0.0734
600	600	61	3.54	32.7	3626.0	3159.7	2846.8	616.0	462.0	387.8	0.1087	0.0838	0.0734
630	631	61	3.63	32.7	3812.7	3322.4	2993.4	647.7	485.8	407.8	0.1034	0.0797	0.0698
670	670	37	4.80	33.6	4037.7	3518.5	3170.0	723.1	542.3	455.3	0.0973	0.0751	0.0657
800	805	61	4.10	36.9	4863.9	4238.4	3818.7	826.3	619.9	520.3	0.0810	0.0625	0.0547

表 E-6   JG1A、JG2A、JG3A、JG4A、JG5A 钢绞线性能

标称截面面积 (mm²)	计算面积 (mm²)	单线根数 (根)	直径 (mm)		单位长度质量 (kg/km)	额定拉断力 (kN)					20℃直流电阻 (Ω/km)
			单线	绞线		JG1A	JG2A	JG3A	JG4A	JG5A	
10	10.8	7	1.40	4.20	84.8	14.44	15.62	17.46	20.15	21.12	17.9754
15	17.8	7	1.80	5.40	140.1	23.87	25.83	28.86	33.31	34.91	10.8740
20	22.0	7	2.00	6.00	173.0	29.47	31.89	35.63	41.12	43.10	8.8079
25	26.6	7	2.20	6.60	209.3	35.66	38.58	43.11	49.76	52.15	7.2793
35	37.2	7	2.60	7.80	292.4	48.69	52.40	59.09	67.64	70.99	5.2118
40	38.2	19	1.60	8.00	301.9	51.19	55.39	61.89	71.44	74.88	5.0939
50	49.5	7	3.00	9.00	389.2	64.82	69.77	78.67	90.05	94.51	3.9146
50	48.3	19	1.80	9.00	382.1	64.79	70.11	78.33	90.41	94.76	4.0248
55	56.3	7	3.20	9.60	442.9	72.62	79.38	87.26	99.65	105.3	3.4406
60	59.7	19	2.00	10.0	471.7	79.98	86.55	96.70	111.6	117.0	3.2601
65	67.3	7	3.50	10.5	529.8	86.88	94.96	104.4	119.2	125.9	2.8761
70	72.2	19	2.20	11.0	570.8	96.78	104.73	117.00	135.1	141.6	2.6943
75	74.4	37	1.60	11.2	589.4	99.7	107.9	120.5	139.1	145.8	2.6225
80	79.4	7	3.80	11.4	624.5	102.4	109.9	120.7	136.5	144.5	2.4399
80	78.9	19	2.30	11.5	623.9	103.4	111.3	125.5	143.7	150.8	2.4651
90	88.0	7	4.00	12.0	692.0	113.5	121.4	133.7	151.3	160.1	2.2020
95	94.8	19	2.52	12.6	748.9	124.14	133.62	150.68	172.5	181.0	2.0535
100	101	19	2.60	13.0	797.2	132.1	142.2	160.4	183.6	192.7	1.9291
115	116	37	2.00	14.0	921.0	155.8	168.5	188.3	217.4	227.8	1.6784
125	125	19	2.90	14.5	991.8	164.4	177.0	199.5	228.4	239.7	1.5506
150	153	19	3.20	16.0	1207.6	197.1	215.5	236.9	270.5	285.7	1.2735
155	154	37	2.30	16.1	1218.0	201.4	216.8	244.4	279.8	293.6	1.2691
185	183	19	3.50	17.5	1444.7	235.8	257.8	283.3	323.6	341.8	1.0645
200	196	37	2.60	18.2	1556.5	257.3	277.0	312.3	357.5	375.2	0.9931
240	239	19	4.00	20.0	1886.9	308.0	329.5	362.9	410.7	434.5	0.8150
245	244	37	2.90	20.3	1936.4	320.2	344.6	388.6	444.8	466.8	0.7983
300	298	37	3.20	22.4	2357.7	383.9	419.6	461.2	526.7	556.5	0.6556
355	356	37	3.50	24.5	2820.5	459.2	501.8	551.8	630.1	665.7	0.5480
465	465	37	4.00	28.0	3683.9	599.8	641.6	706.7	799.7	846.2	0.4196

表 E-7　JL/G1A、JL/G2A、JL/G3A、JL1/G1A、JL1/G2A、JL1/G3A、JL2/G1A、JL2/G2A、JL2/G3A 及 JL3/G1A、JL3/G2A、JL3/G3A 钢芯铝绞线性能

标称截面面积(mm²) 铝/钢	钢比(%)	计算面积(mm²) 铝	钢	总和	单线根数(根) 铝	钢	单线直径(mm) 铝	钢	直径(mm) 钢芯	绞线	单位长度质量(kg/km)	额定拉断力(kN) JL、JL1 G1A	G2A	G3A	JL2、JL3 G1A	G2A	G3A	20℃直流电阻(Ω/km) L	L1	L2	L3
10/2	16.7	10.6	1.78	12.4	6	1	1.50	1.50	1.50	4.50	42.8	4.14	4.38	4.63	3.87	4.12	4.36	2.7062	2.6842	2.6625	2.6413
16/3	16.7	16.1	2.69	18.8	6	1	1.85	1.85	1.85	5.55	65.2	6.13	6.51	6.88	5.89	6.26	6.64	1.7791	1.7646	1.7504	1.7364
25/4	16.7	24.9	4.15	29.1	6	1	2.30	2.30	2.30	6.90	100.7	9.10	9.68	10.22	8.97	9.56	10.10	1.1510	1.1417	1.1325	1.1234
35/6	16.7	34.9	5.81	40.7	6	1	2.72	2.72	2.72	8.16	140.9	12.55	13.36	14.12	12.55	13.36	14.12	0.8230	0.8163	0.8097	0.8033
40/6	16.7	39.9	6.65	46.6	6	1	2.91	2.91	2.91	8.73	161.2	14.37	15.30	16.16	14.37	15.30	16.16	0.7190	0.7132	0.7074	0.7018
50/8	16.7	48.3	8.04	56.3	6	1	3.20	3.20	3.20	9.60	195.0	16.81	17.93	19.06	16.81	17.93	19.06	0.5946	0.5898	0.5850	0.5804
50/30	58.3	50.7	29.6	80.3	12	7	2.32	2.32	6.96	11.6	371.3	42.61	46.75	50.60	42.61	46.75	50.60	0.5693	0.5646	0.5601	0.5556
65/10	16.7	63.1	10.5	73.6	6	1	3.66	3.66	3.66	11.0	255.1	21.67	22.41	24.20	21.67	22.41	24.20	0.4546	0.4509	0.4472	0.4436
70/10	16.7	68.0	11.3	79.3	6	1	3.80	3.80	3.80	11.4	275.0	23.36	24.16	26.08	23.36	24.16	26.08	0.4217	0.4182	0.4149	0.4116
70/40	58.3	69.7	40.7	110	12	7	2.72	2.72	8.16	13.6	510.4	58.22	63.92	69.21	58.22	63.92	69.21	0.4141	0.4108	0.4075	0.4042
95/15	16.2	94.4	15.3	110	26	7	2.15	1.67	5.01	13.6	380.5	34.93	37.08	39.22	33.99	36.13	38.28	0.3059	0.3034	0.3010	0.2986
95/20	19.8	95.1	18.8	114	7	7	4.16	1.85	5.55	13.9	408.5	37.24	39.87	42.51	37.24	39.87	42.51	0.3020	0.2996	0.2972	0.2948
95/55	58.3	96.5	56.3	153	12	7	3.66	3.66	10.8	16.0	706.4	77.85	85.73	93.61	77.85	85.73	93.61	0.2992	0.2968	0.2944	0.2920
100/17	16.7	100	16.7	117	6	1	4.61	4.61	4.61	13.8	404.7	34.38	35.55	38.39	34.38	35.55	38.39	0.2865	0.2842	0.2819	0.2796
120/7	5.6	119	6.6	125	18	1	2.90	2.90	2.90	14.5	378.9	27.74	28.67	29.53	27.74	28.67	29.53	0.2422	0.2403	0.2383	0.2364
120/20	16.3	116	18.8	134	26	7	2.38	1.85	5.55	15.1	466.4	42.26	44.89	47.53	41.68	44.31	46.95	0.2496	0.2476	0.2456	0.2436
120/25	19.8	122	24.2	147	7	7	4.72	2.10	6.30	15.7	526.0	47.96	51.36	54.75	47.96	51.36	54.75	0.2346	0.2327	0.2308	0.2290
120/70	58.3	122	71.3	193	12	7	3.60	3.60	10.8	18.0	894.0	97.92	102.9	115.0	97.92	102.9	115.0	0.2364	0.2345	0.2326	0.2307
125/7	5.6	125	6.93	132	18	1	2.97	2.97	2.97	14.9	397.4	29.10	30.07	30.97	29.10	30.07	30.97	0.2310	0.2291	0.2272	0.2254
125/20	16.3	125	20.3	145	26	7	2.47	1.92	5.76	15.6	502.4	45.51	48.35	51.19	44.89	47.73	50.57	0.2318	0.2299	0.2280	0.2262

续表

标称截面面积 (mm²) 铝/钢	钢比 (%)	计算面积 (mm²) 铝	钢	总和	单线根数 (根) 铝	钢	单线直径 (mm) 铝	钢	直径 (mm) 钢芯	绞线	单位长度质量 (kg/km)	额定拉断力 (kN) JL、JL1、JL2、JL3 G1A	G2A	G3A	20℃直流电阻 (Ω/km) L	L1	L2	L3
150/8	5.6	145	8.04	153	18	1	3.20	3.20	3.20	16.0	461.3	32.73	33.86	34.98	0.1990	0.1973	0.1957	0.1942
150/20	12.9	146	18.8	164	24	7	2.78	1.85	5.55	16.7	549.0	46.78	49.41	52.05	0.1981	0.1964	0.1949	0.1933
150/25	16.3	149	24.2	173	26	7	2.70	2.10	6.30	17.1	600.5	53.67	57.07	60.46	0.1940	0.1924	0.1908	0.1893
150/35	23.3	147	34.4	182	30	7	2.50	2.50	7.50	17.5	675.4	64.94	69.75	74.22	0.1962	0.1946	0.1930	0.1915
160/9	5.6	160	8.87	168	18	1	3.36	3.36	3.36	16.8	508.6	36.09	37.33	38.57	0.1805	0.1790	0.1775	0.1761
185/10	5.6	183	10.2	193	18	1	3.60	3.60	3.60	18.0	583.8	40.51	41.22	42.95	0.1572	0.1559	0.1547	0.1534
185/25	13.0	187	24.2	211	24	7	3.15	2.10	6.30	18.9	705.5	59.23	62.62	66.02	0.1543	0.1530	0.1518	0.1506
185/30	16.3	181	29.6	211	26	7	2.98	2.32	6.96	18.9	732.0	64.56	68.70	72.55	0.1592	0.1579	0.1567	0.1554
185/45	23.3	185	43.1	228	30	7	2.80	2.80	8.40	19.6	847.2	80.54	86.57	92.18	0.1564	0.1551	0.1539	0.1527
200/11	5.6	200	11.1	211	18	1	3.76	3.76	3.76	18.8	636.9	44.19	44.97	46.86	0.1441	0.1429	0.1418	0.1406
210/10	5.6	204	11.3	215	18	1	3.80	3.80	3.80	19.0	650.5	45.14	45.93	47.86	0.1411	0.1399	0.1388	0.1377
210/25	13.0	209	27.1	236	24	7	3.33	2.22	6.66	20.0	788.4	66.19	69.98	73.78	0.1380	0.1369	0.1358	0.1347
210/35	16.2	212	34.4	246	26	7	3.22	2.50	7.50	20.4	853.1	74.11	78.92	83.38	0.1364	0.1353	0.1342	0.1331
210/50	23.3	209	48.8	258	30	7	2.98	2.98	8.94	20.9	959.7	91.23	98.06	104.4	0.1381	0.1370	0.1359	0.1348
240/30	13.0	244	31.7	276	24	7	3.60	2.40	7.20	21.6	921.5	75.19	79.62	83.74	0.1181	0.1171	0.1162	0.1153
240/40	16.3	239	38.9	278	26	7	3.42	2.66	7.98	21.7	963.5	83.76	89.20	94.26	0.1209	0.1199	0.1189	0.1180
240/55	23.3	241	56.3	298	30	7	3.20	3.20	9.60	22.4	1106.6	101.7	109.6	117.5	0.1198	0.1188	0.1178	0.1169
250/25	9.8	250	24.5	274	22	7	3.80	2.11	6.33	21.5	879.4	68.56	71.99	75.41	0.1156	0.1147	0.1137	0.1128
250/40	16.3	250	40.7	291	26	7	3.50	2.72	8.16	22.2	1008.6	87.64	93.34	98.63	0.1154	0.1145	0.1136	0.1127
300/15	5.2	297	15.3	312	42	7	3.00	1.67	5.01	23.0	940.2	68.41	70.56	72.70	0.0973	0.0965	0.0958	0.0950

续表

标称截面 (mm²) 铝/钢	钢比 (%)	计算面积 (mm²)			单线根数 (根)		单线直径 (mm)		直径 (mm)		单位长度质量 (kg/km)	额定拉断力 (kN) JL、JL1、JL2、JL3			20℃直流电阻 (Ω/km)			
		铝	钢	总和	铝	钢	铝	钢	钢芯	绞线		G1A	G2A	G3A	L	L1	L2	L3
300/20	6.2	303	18.8	322	45	7	2.93	1.85	5.55	23.1	985.4	73.60	76.23	78.86	0.0952	0.0945	0.0937	0.0929
300/25	8.8	306	27.1	333	48	7	2.85	2.22	6.66	23.8	1057.9	83.76	87.55	91.34	0.0944	0.0936	0.0928	0.0921
300/40	13.0	300	38.9	339	24	7	3.99	2.66	7.98	23.9	1132.0	92.36	97.81	102.9	0.0961	0.0954	0.0946	0.0938
300/50	16.3	300	48.8	348	26	7	3.83	2.98	8.94	24.3	1208.6	103.6	110.4	116.8	0.0964	0.0956	0.0948	0.0941
300/70	23.3	305	71.3	377	30	7	3.60	3.60	10.8	25.2	1400.6	127.2	132.2	144.3	0.0946	0.0939	0.0931	0.0924
315/22	6.9	316	21.8	338	45	7	2.99	1.99	5.97	23.9	1043.2	79.19	82.24	85.28	0.0914	0.0907	0.0900	0.0893
400/20	5.1	406	20.9	427	42	7	3.51	1.95	5.85	26.9	1286.3	89.48	92.41	95.34	0.0711	0.0705	0.0700	0.0694
400/25	6.9	392	27.1	419	45	7	3.33	2.22	6.66	26.6	1294.7	96.37	100.2	104.0	0.0737	0.0731	0.0725	0.0720
400/35	8.8	391	34.4	425	48	7	3.22	2.50	7.50	26.8	1348.6	103.7	108.5	112.9	0.0739	0.0733	0.0727	0.0721
400/50	13.0	400	51.8	452	54	7	3.07	3.07	9.21	27.6	1510.5	123.0	130.2	137.5	0.0724	0.0718	0.0712	0.0706
400/65	16.3	399	65.1	464	26	7	4.42	3.44	10.3	28.0	1610.0	135.4	144.5	153.6	0.0724	0.0718	0.0712	0.0706
400/95	22.9	408	93.3	501	30	19	4.16	2.50	12.5	29.1	1857.9	171.6	184.6	196.7	0.0709	0.0703	0.0697	0.0692
450/30	6.9	450	31.1	482	45	7	3.57	2.38	7.14	28.6	1488.0	107.6	111.9	116.0	0.0641	0.0636	0.0631	0.0626
450/60	13.0	451	58.4	509	54	7	3.26	3.26	9.78	29.3	1703.2	138.6	146.8	155.0	0.0642	0.0636	0.0631	0.0626
500/35	6.9	500	34.6	534	45	7	3.76	2.51	7.53	30.1	1651.3	119.4	124.3	128.8	0.0578	0.0574	0.0569	0.0564
500/45	8.8	489	43.1	532	48	7	3.60	2.80	8.40	30.0	1687.0	127.3	133.3	138.9	0.0591	0.0587	0.0582	0.0577
500/65	13.0	499	64.7	564	54	7	3.43	3.43	10.3	30.9	1885.5	153.5	162.5	171.6	0.0580	0.0575	0.0570	0.0566
560/40	6.9	560	38.6	598	45	7	3.98	2.65	7.95	31.8	1848.7	133.6	139.0	144.0	0.0516	0.0512	0.0508	0.0504
560/70	12.7	559	70.9	630	54	19	3.63	2.18	10.9	32.7	2101.8	172.4	182.3	192.2	0.0518	0.0513	0.0509	0.0505
630/45	6.9	629	43.4	673	45	7	4.22	2.81	8.43	33.8	2078.4	150.2	156.3	161.9	0.0459	0.0455	0.0452	0.0448

续表

标称截面面积 (mm²) 铝/钢	钢比 (%)	计算面积 (mm²)			单线根数 (根)		单线直径 (mm)		直径 (mm)		单位长度质量 (kg/km)	额定拉断力 (kN) JL、JL1、JL2、JL3			20℃直流电阻 (Ω/km)			
		铝	钢	总和	铝	钢	铝	钢	钢芯	绞线		G1A	G2A	G3A	L	L1	L2	L3
630/55	8.8	640	56.3	696	48	7	4.12	3.20	9.60	34.3	2208.3	164.3	172.2	180.1	0.0452	0.0448	0.0444	0.0441
630/80	12.7	629	79.6	708	54	19	3.85	2.31	11.6	34.7	2363.1	191.4	202.5	212.9	0.0460	0.0456	0.0453	0.0449
710/50	6.9	709	49.2	758	45	7	4.48	2.99	8.97	35.9	2344.2	169.5	176.4	182.8	0.0407	0.0404	0.0401	0.0398
710/90	12.6	709	89.6	799	54	19	4.09	2.45	12.3	36.8	2664.6	215.6	228.2	239.8	0.0408	0.0404	0.0401	0.0398
720/50	6.9	725	50.1	775	45	7	4.53	3.02	9.06	36.2	2395.9	171.2	178.2	185.2	0.0398	0.0395	0.0392	0.0389
800/35	4.3	799	34.6	834	72	7	3.76	2.51	7.53	37.6	2481.7	159.0	163.6	167.9	0.0362	0.0359	0.0356	0.0353
800/55	6.9	814	56.3	871	45	7	4.80	3.20	9.60	38.4	2690.0	192.2	200.1	208.0	0.0355	0.0352	0.0349	0.0346
800/65	8.3	799	66.6	866	84	7	3.48	3.48	10.4	38.3	2731.7	194.8	203.7	212.5	0.0362	0.0359	0.0356	0.0354
800/70	8.8	808	71.3	879	48	7	4.63	3.60	10.8	38.6	2790.1	207.7	212.7	224.8	0.0358	0.0355	0.0352	0.0349
800/100	12.7	799	102	901	54	19	4.34	2.61	13.1	39.1	3006.6	243.7	257.9	271.1	0.0362	0.0359	0.0356	0.0353
900/40	4.3	900	38.9	939	72	7	3.99	2.66	7.98	39.9	2793.8	179.0	184.1	188.9	0.0321	0.0319	0.0316	0.0314
900/75	8.3	898	74.9	973	84	7	3.69	3.69	11.1	40.6	3071.3	214.8	219.7	231.8	0.0322	0.0320	0.0317	0.0314
1000/45	4.3	1002	43.1	1045	72	7	4.21	2.80	8.40	42.1	3108.8	199.0	204.8	210.1	0.0289	0.0286	0.0284	0.0282
1000/80	8.1	1003	81.7	1085	84	19	3.90	2.34	11.7	42.9	3418.0	241.0	251.9	262.0	0.0288	0.0286	0.0284	0.0282
1120/50	4.2	1120	47.3	1167	72	19	4.45	1.78	8.90	44.5	3467.7	222.8	229.1	235.3	0.0258	0.0256	0.0254	0.0252
1120/90	8.1	1120	91.0	1211	84	19	4.12	2.47	12.4	45.3	3813.4	268.8	280.9	292.2	0.0258	0.0256	0.0254	0.0252
1250/70	5.6	1252	70.1	1322	76	7	4.58	3.57	10.7	47.4	4011.1	263.5	268.2	279.5	0.0231	0.0229	0.0227	0.0225
1250/100	8.1	1248	102	1350	84	19	4.35	2.61	13.1	47.9	4252.3	299.8	313.4	325.9	0.0232	0.0230	0.0228	0.0226
1400/135	9.6	1400	134	1534	88	19	4.50	3.00	15.0	51.0	4926.4	358.2	376.0	392.6	0.0207	0.0205	0.0203	0.0202
1440/120	8.1	1439	117	1556	84	19	4.67	2.80	14.0	51.4	4899.7	345.4	361.0	375.4	0.0201	0.0200	0.0198	0.0196

表E-8　JLHA1/G1A、JLHA1/G2A、JLHA1/G3A 和 JLHA2/G1A、JLHA2/G2A、JLHA2/G3A 钢芯铝合金绞线性能

标称截面积 (mm²) 铝合金/钢	钢比 (%)	计算面积 (mm²)			单线根数 (根)		单线直径 (mm)		直径 (mm)		单位长度质量 (kg/km)	额定拉断力 (kN)						20℃直流电阻 (Ω/km)	
		铝合金	钢	总和	铝合金	钢	铝合金	钢	钢芯	绞线		JLHA1/G1A	JLHA1/G2A	JLHA1/G3A	JLHA2/G1A	JLHA2/G2A	JLHA2/G3A	JLHA1	JLHA2
10/2	16.7	10.6	1.78	12.4	6	1	1.50	1.50	1.50	4.50	42.8	5.51	5.76	6.01	5.20	5.44	5.69	3.1444	3.1147
16/3	16.7	16.1	2.69	18.8	6	1	1.85	1.85	1.85	5.55	65.2	8.39	8.76	9.14	7.90	8.28	8.66	2.0671	2.0476
35/6	16.7	34.9	5.81	40.7	6	1	2.72	2.72	2.72	8.16	140.9	17.96	18.77	19.52	16.91	17.72	18.48	0.9563	0.9472
50/8	16.7	48.3	8.04	56.3	6	1	3.20	3.20	3.20	9.60	195.0	24.53	25.66	26.78	23.08	24.21	25.33	0.6909	0.6844
50/30	58.3	50.7	29.6	80.3	12	7	2.32	2.32	6.96	11.6	371.3	50.22	54.36	58.21	48.70	52.84	56.69	0.6614	0.6552
70/10	16.7	68.0	11.3	79.3	6	1	3.80	3.80	3.80	11.4	275.0	33.91	34.70	36.63	32.55	33.34	35.27	0.4899	0.4853
70/40	58.3	69.7	40.7	110	12	7	2.72	2.72	8.16	13.6	510.4	69.03	74.73	80.01	66.94	72.63	77.92	0.4812	0.4766
95/15	16.2	94.4	15.3	110	26	7	2.15	1.67	5.01	13.6	380.5	48.62	50.76	52.91	45.79	47.93	50.08	0.3554	0.3521
95/20	19.8	95.1	18.8	114	7	7	4.16	1.85	5.55	13.9	408.5	51.98	54.62	57.25	50.08	52.72	55.35	0.3509	0.3476
95/55	58.3	96.5	56.3	153	12	7	3.20	3.20	9.60	16.0	706.4	93.29	101.2	109.1	90.40	98.3	106.2	0.3477	0.3444
120/7	5.6	119	6.61	125	18	1	2.90	2.90	2.90	14.5	378.9	46.17	47.10	47.95	42.60	43.53	44.39	0.2815	0.2788
120/20	16.3	116	18.8	134	26	7	2.38	1.85	5.55	15.1	466.4	59.61	62.24	64.88	56.14	58.77	61.41	0.2900	0.2873
120/25	19.8	122	24.2	147	7	7	4.72	2.10	6.30	15.7	526.0	66.95	70.34	73.74	64.50	67.89	71.29	0.2726	0.2700
120/70	58.3	122	71.3*	193	12	7	3.60	3.60	10.8	18.0	894.0	116.9	121.8	134.0	114.4	119.4	131.5	0.2747	0.2721
150/8	5.6	145	8.04	153	18	7	3.20	3.20	3.20	16.0	461.3	55.90	57.02	58.15	51.55	52.68	53.80	0.2312	0.2290
150/20	12.9	146	18.8	164	24	7	2.78	1.85	5.55	16.7	549.0	69.36	71.99	74.63	64.99	67.62	70.26	0.2301	0.2279
150/25	16.3	149	24.2	173	26	7	2.70	2.10	6.30	17.1	600.5	76.75	80.14	83.54	72.28	75.68	79.07	0.2254	0.2232
150/35	23.3	147	34.4	182	30	7	2.50	2.50	7.50	17.5	675.4	87.03	91.84	96.31	82.61	87.42	91.89	0.2280	0.2258
185/10	5.6	183	10.2	193	18	1	3.60	3.60	3.60	18.0	583.8	68.91	69.62	71.35	65.25	65.96	67.69	0.1826	0.1809
185/25	13.0	187	24.2	211	24	7	3.15	2.10	6.30	18.9	705.5	89.15	92.55	95.94	83.54	86.94	90.33	0.1792	0.1775

续表

标称截面面积 (mm²) 铝合金/钢	钢比 (%)	计算面积 (mm²) 铝合金	钢	总和	单线根数 (根) 铝合金	钢	单线直径 (mm) 铝合金	钢	直径 (mm) 钢芯	绞线	单位长度质量 (kg/km)	额定拉断力 (kN) JLHA1/G1A	JLHA1/G2A	JLHA1/G3A	JLHA2/G1A	JLHA2/G2A	JLHA2/G3A	20℃直流电阻 (Ω/km) JLHA1	JLHA2
185/30	16.3	181	29.6	211	26	7	2.98	2.32	6.96	18.9	732.0	92.67	96.81	100.7	87.23	91.37	95.2	0.1850	0.1833
185/45	23.3	185	43.1	228	30	7	2.80	2.80	8.40	19.6	847.2	109.2	115.2	120.8	103.6	109.7	115.3	0.1817	0.1800
210/10	5.6	204	11.3	215	18	1	3.80	3.80	3.80	19.0	650.5	76.78	77.57	79.50	72.70	73.49	75.42	0.1639	0.1624
210/25	13.0	209	27.1	236	24	7	3.33	2.22	6.66	20.0	788.4	99.63	103.4	107.2	93.36	97.2	100.9	0.1604	0.1589
210/35	16.2	212	34.4	246	26	7	3.22	2.50	7.50	20.4	853.1	108.0	112.8	117.3	101.6	106.4	110.9	0.1585	0.1570
210/50	23.3	209	48.8	258	30	7	2.98	2.98	8.94	20.9	959.7	123.7	130.5	136.8	117.4	124.2	130.6	0.1604	0.1589
240/30	13.0	244	31.7	276	24	7	3.60	2.40	7.20	21.6	921.5	113.1	117.5	121.6	108.2	112.6	116.7	0.1372	0.1359
240/40	16.3	239	38.9	278	26	7	3.42	2.66	7.98	21.7	963.5	122.0	127.4	132.5	114.8	120.3	125.3	0.1405	0.1391
240/55	23.3	241	56.3	298	30	7	3.20	3.20	9.60	22.4	1106.6	140.3	148.2	156.1	133.1	141.0	148.9	0.1391	0.1378
300/15	5.2	297	15.3	312	42	7	3.00	1.67	5.01	23.0	940.2	114.4	116.6	118.7	105.5	107.7	109.8	0.1131	0.1120
300/20	6.9	303	20.9	324	45	7	2.93	1.95	5.85	23.4	1001.8	123.1	126.0	128.9	114.0	116.9	119.8	0.1106	0.1096
300/25	8.8	306	27.1	333	48	7	2.85	2.22	6.66	23.8	1057.9	131.2	135.0	138.8	122.0	125.8	129.6	0.1096	0.1086
300/40	13.0	300	38.9	339	24	7	3.99	2.66	7.98	23.9	1132.0	138.9	144.3	149.4	132.9	138.3	143.4	0.1117	0.1107
300/50	16.3	300	48.8	348	26	7	3.83	2.98	8.94	24.3	1208.6	150.0	156.8	163.2	144.0	150.9	157.2	0.1120	0.1109
300/70	23.3	305	71.3	377	30	7	3.60	3.60	10.8	25.2	1400.5	174.6	179.6	191.7	168.5	173.4	185.6	0.1099	0.1089
400/20	5.1	406	20.9	427	42	7	3.51	1.95	5.85	26.9	1286.3	152.5	155.4	158.3	144.3	147.3	150.2	0.0826	0.0818
400/25	6.9	392	27.1	419	45	7	3.33	2.22	6.66	26.6	1294.7	159.1	162.9	166.7	147.3	151.1	154.9	0.0857	0.0849
400/35	8.8	391	34.4	425	48	7	3.22	2.50	7.50	26.8	1348.7	166.2	171.0	175.5	154.5	159.3	163.8	0.0859	0.0851
400/50	13.0	400	51.8	452	54	7	3.07	3.07	9.21	27.6	1510.5	186.9	194.2	201.4	174.9	182.2	189.4	0.0841	0.0833
400/65	16.3	399	65.1	464	26	7	4.42	3.44	10.3	28.0	1610.0	197.2	206.3	215.4	189.3	198.4	207.5	0.0841	0.0833

续表

标称截面面积 (mm²) 铝合金/钢	钢比 (%)	计算面积 (mm²)			单线根数 (根)		单线直径 (mm)		直径 (mm)		单位长度质量 (kg/km)	额定拉断力 (kN)						20℃直流电阻 (Ω/km)	
		铝合金	钢	总和	铝合金	钢	铝合金	钢	钢芯	绞线		JLHA1/G1A	JLHA1/G2A	JLHA1/G3A	JLHA2/G1A	JLHA2/G2A	JLHA2/G3A	JLHA1	JLHA2
400/95	22.9	408	93.3	501	30	19	4.16	2.50	12.5	29.1	1857.9	234.8	247.8	259.9	226.6	239.7	251.8	0.0823	0.0816
460/60	13.0	465	60.2	525	54	7	3.31	3.31	9.93	29.8	1755.9	217.3	225.7	234.1	203.3	211.8	220.2	0.0723	0.0716
500/35	6.9	500	34.6	534	45	7	3.76	2.51	7.53	30.1	1651.3	196.9	201.7	206.2	186.9	191.7	196.2	0.0672	0.0666
500/45	8.8	489	43.1	532	48	7	3.60	2.80	8.40	30.0	1687.0	203.0	209.1	214.7	193.3	199.3	204.9	0.0687	0.0681
500/65	13.0	502	65.1	567	54	7	3.44	3.44	10.3	31.0	1896.5	234.7	243.8	252.9	219.6	228.7	237.8	0.0670	0.0663
630/45	6.9	629	43.4	673	45	7	4.22	2.81	8.43	33.8	2078.4	247.7	253.8	259.5	235.2	241.2	246.9	0.0533	0.0528
630/55	8.8	640	56.3	696	48	7	4.12	3.20	9.60	34.3	2208.3	263.5	271.4	279.3	250.7	258.6	266.5	0.0525	0.0520
630/80	12.7	622	78.9	701	54	19	3.83	2.30	11.5	34.5	2339.7	286.0	297.0	307.3	273.5	284.6	294.8	0.0540	0.0535
710/50	6.9	709	49.2	758	45	7	4.48	2.99	8.97	35.9	2344.2	279.5	286.4	292.7	265.3	272.2	278.6	0.0473	0.0469
710/90	12.6	709	89.6	799	54	19	4.09	2.45	12.3	36.8	2664.6	325.6	338.1	349.8	311.4	323.9	335.6	0.0474	0.0469
720/50	6.9	725	50.1	775	45	7	4.53	3.02	9.06	36.2	2395.9	283.6	290.6	297.7	269.1	276.1	283.2	0.0463	0.0459
800/35	4.3	799	34.6	834	72	7	3.76	2.51	7.53	37.6	2481.9	276.8	281.4	285.6	261.6	266.2	270.4	0.0420	0.0416
800/55	7.0	801	56.3	857	45	7	4.76	3.20	9.60	38.2	2652.7	314.2	322.0	329.9	298.2	306.0	313.9	0.0419	0.0415
800/65	8.3	799	66.6	866	84	7	3.48	3.48	10.4	38.3	2731.7	316.3	325.1	334.0	293.5	302.3	311.2	0.0421	0.0417
800/70	8.8	808	71.3	879	48	7	4.63	3.60	10.8	38.6	2790.0	332.9	337.9	350.0	316.8	321.8	333.9	0.0415	0.0412
800/100	12.7	799	101.7	901	54	19	4.34	2.61	13.1	39.1	3006.6	367.5	381.8	395.0	351.5	365.8	379.0	0.0421	0.0417
900/40	4.3	900	38.9	939	72	7	3.99	2.66	7.98	39.9	2793.8	311.5	316.7	321.5	294.4	299.6	304.4	0.0373	0.0370
900/75	8.3	898	74.9	973	84	7	3.69	3.69	11.1	40.6	3071.3	347.0	352.0	364.1	330.0	335.0	347.0	0.0374	0.0371
1000/45	4.3	1002	43.1	1045	72	7	4.21	2.80	8.40	42.1	3108.8	346.6	352.3	357.7	327.6	333.3	338.6	0.0335	0.0332
1120/50	4.2	1120	47.3	1167	72	19	4.45	1.78	8.90	44.5	3468.0	387.7	393.9	400.2	366.4	372.7	379.0	0.0300	0.0297

续表

标称截面面积 (mm²) 铝合金/钢	钢比 (%)	计算面积 (mm²)			单线根数 (根)		单线直径 (mm)		直径 (mm)		单位长度质量 (kg/km)	额定拉断力 (kN)						20℃直流电阻 (Ω/km)	
		铝合金	钢	总和	铝合金	钢	铝合金	钢	钢芯	绞线		JLHA1/G1A	JLHA1/G2A	JLHA1/G3A	JLHA2/G1A	JLHA2/G2A	JLHA2/G3A	JLHA1	JLHA2
1120/90	8.1	1120	91.0	1211	84	19	4.12	2.47	12.4	45.3	3813.4	433.7	445.8	457.1	412.4	424.5	435.8	0.0300	0.0297
1250/50	4.2	1249	52.7	1302	72	19	4.70	1.88	9.40	47.0	3868.6	432.4	439.4	446.5	408.7	415.7	422.7	0.0269	0.0266
1250/70	5.6	1252	70.1	1322	76	7	4.58	3.57	10.7	47.4	4011.1	447.9	452.6	463.9	424.1	428.8	440.1	0.0268	0.0266
1250/100	8.1	1248	102	1350	84	19	4.35	2.61	13.1	47.9	4252.3	483.7	497.2	509.7	460.0	473.5	486.0	0.0269	0.0267
1300/105	8.1	1301	106	1406	84	19	4.44	2.66	13.3	48.8	4427.6	503.5	517.6	530.6	478.8	492.9	505.9	0.0259	0.0256
1400/135	9.60	1400	134	1534	88	19	4.50	3.00	15.0	51.0	4926.4	564.3	582.1	598.7	537.7	555.5	572.1	0.0240	0.0238
1440/120	8.13	1439	117	1556	84	19	4.67	2.80	14.0	51.4	4899.7	557.3	572.8	587.3	529.9	545.5	559.9	0.0234	0.0232

表 E-9　JLHA3/G1A、JLHA3/G2A、JLHA3/G3A 和 JLHA4/G1A、JLHA4/G2A、JLHA4/G3A 钢芯铝合金绞线性能

标称截面面积 (mm²) 铝合金/钢	钢比 (%)	计算面积 (mm²)			单线根数 (根)		单线直径 (mm)		直径 (mm)		单位长度质量 (kg/km)	额定拉断力 (kN)						20℃直流电阻 (Ω/km)	
		铝合金	钢	总和	铝合金	钢	铝合金	钢	钢芯	绞线		JLHA3/G1A	JLHA3/G2A	JLHA3/G3A	JLHA4/G1A	JLHA4/G2A	JLHA4/G3A	JLHA3	JLHA4
10/2	16.7	10.6	1.78	12.4	6	1	1.50	1.50	1.50	4.50	42.8	4.72	4.97	5.21	5.14	5.39	5.64	2.8219	2.8961
16/3	16.7	16.1	2.69	18.8	6	1	1.85	1.85	1.85	5.55	65.2	7.18	7.55	7.93	7.82	8.20	8.57	1.8551	1.9039
35/6	16.7	34.9	5.81	40.7	6	1	2.72	2.72	2.72	8.16	140.9	15.34	16.15	16.91	16.73	17.55	18.30	0.8582	0.8808
50/8	16.7	48.3	8.04	56.3	6	1	3.20	3.20	3.20	9.60	195.0	20.43	21.55	22.68	22.84	23.97	25.09	0.6200	0.6363
50/30	58.3	50.7	29.6	80.3	12	7	2.32	2.32	6.96	11.6	371.3	46.42	50.56	54.41	48.45	52.59	56.43	0.5936	0.6092
70/10	16.7	68.0	11.3	79.3	6	1	3.80	3.80	3.80	11.4	275.0	28.81	29.60	31.53	30.51	31.30	33.23	0.4397	0.4513
70/40	58.3	69.7	40.7	110	12	7	2.72	2.72	8.16	13.6	510.4	63.80	69.50	74.78	66.59	72.28	77.57	0.4318	0.4432
95/15	16.2	94.4	15.3	110	26	7	2.15	1.67	5.01	13.6	380.5	41.54	43.68	45.83	45.31	47.46	49.61	0.3190	0.3274
95/20	19.8	95.1	18.8	114	7	7	4.16	1.85	5.55	13.9	408.5	43.90	46.53	49.17	46.28	48.91	51.54	0.3149	0.3232
95/55	58.3	96.5	56.3	153	12	7	3.20	3.20	9.60	16.0	706.4	85.09	92.97	100.9	89.91	97.80	105.7	0.3120	0.3202

续表

标称截面面积 (mm²) 铝合金/钢	钢比 (%)	计算面积 (mm²)			单线根数 (根)		单线直径 (mm)		直径 (mm)		单位长度质量 (kg/km)	额定拉断力 (kN)						20℃直流电阻 (Ω/km)	
		铝合金	钢	总和	铝合金	钢	铝合金	钢	绞线	钢芯		JLHA3/G1A	JLHA3/G2A	JLHA3/G3A	JLHA4/G1A	JLHA4/G2A	JLHA4/G3A	JLHA3	JLHA4
120/7	5.6	119	6.61	125	18	1	2.90	2.90	14.5	2.90	378.9	37.25	38.18	39.04	42.01	42.93	43.79	0.2526	0.2592
120/20	16.3	116	18.8	134	26	7	2.38	1.85	15.1	5.55	466.4	50.93	53.57	56.20	55.56	58.19	60.83	0.2603	0.2671
120/25	19.8	122	24.2	147	7	7	4.72	2.10	15.7	6.30	526.0	56.54	59.93	63.33	59.60	62.99	66.39	0.2446	0.2511
120/70	58.3	122	71.3	193	12	7	3.60	3.60	18.0	10.8	894.0	107.7	112.7	124.8	110.7	115.7	127.8	0.2465	0.2530
150/8	5.6	145	8.04	153	18	1	3.20	3.20	16.0	3.20	461.3	43.59	44.72	45.84	50.83	51.95	53.08	0.2075	0.2129
150/20	12.9	146	18.8	164	24	7	2.78	1.85	16.7	5.55	549.0	58.43	61.07	63.70	64.26	66.90	69.53	0.2065	0.2119
150/25	16.3	149	24.2	173	26	7	2.70	2.10	17.1	6.30	600.5	65.58	68.98	72.37	71.54	74.93	78.33	0.2023	0.2076
150/35	23.3	147	34.4	182	30	7	2.50	2.50	17.5	7.50	675.4	75.99	80.80	85.26	81.88	86.69	91.16	0.2046	0.2100
185/10	5.6	183	10.2	193	18	1	3.60	3.60	18.0	3.60	583.8	55.17	55.88	57.61	59.75	60.46	62.19	0.1639	0.1682
185/25	13.0	187	24.2	211	24	7	3.15	2.10	18.9	6.30	705.5	73.26	76.65	80.04	82.61	86.00	89.40	0.1609	0.1651
185/30	16.3	181	29.6	211	26	7	2.98	2.32	18.9	6.96	732.0	79.07	83.21	87.06	86.32	90.47	94.31	0.1660	0.1704
185/45	23.3	185	43.1	228	30	7	2.80	2.80	19.6	8.40	847.2	95.32	101.4	107.0	102.7	108.7	114.3	0.1631	0.1674
210/10	5.6	204	11.3	215	18	7	3.80	3.80	19.0	3.80	650.5	61.47	62.26	64.19	66.57	67.37	69.29	0.1471	0.1510
210/25	13.0	209	27.1	236	24	7	3.33	2.22	20.0	6.66	788.4	81.87	85.66	89.45	92.32	96.11	99.90	0.1439	0.1477
210/35	16.2	212	34.4	246	26	7	3.22	2.50	20.4	7.50	853.1	89.99	94.80	99.26	100.6	105.4	109.8	0.1422	0.1459
210/50	23.3	209	48.8	258	30	7	2.98	2.98	20.9	8.94	959.7	108.0	114.8	121.1	116.3	123.2	129.5	0.1440	0.1478
240/30	13.0	244	31.7	276	24	7	3.60	2.40	21.6	7.20	921.5	94.73	99.16	103.3	100.8	105.3	109.4	0.1232	0.1264
240/40	16.3	239	38.9	278	26	7	3.42	2.66	21.7	7.98	963.5	101.7	107.1	112.2	113.6	119.1	124.1	0.1261	0.1294
240/55	23.3	241	56.3	298	30	7	3.20	3.20	22.4	9.60	1106.6	119.8	127.7	135.6	131.9	139.8	147.7	0.1249	0.1282
300/15	5.2	297	15.3	312	42	7	3.00	1.67	23.0	5.01	940.2	89.19	91.34	93.48	104.0	106.2	108.3	0.1015	0.1042

续表

标称截面面积 (mm²) 铝合金/钢	钢比 (%)	计算面积 (mm²)			单线根数 (根)		单线直径 (mm)		直径 (mm)		单位长度质量 (kg/km)	额定拉断力 (kN)						20℃直流电阻 (Ω/km)	
		铝合金	钢	总和	铝合金	钢	铝合金	钢	钢芯	绞线		JLHA3/G1A	JLHA3/G2A	JLHA3/G3A	JLHA4/G1A	JLHA4/G2A	JLHA4/G3A	JLHA3	JLHA4
300/20	6.9	303	20.9	324	45	7	2.93	1.95	5.85	23.4	1001.8	100.3	103.2	106.2	112.4	115.4	118.3	0.0993	0.1019
300/25	8.8	306	27.1	333	48	7	2.85	2.22	6.66	23.8	1057.9	108.3	112.0	115.8	120.5	124.3	128.1	0.0984	0.1010
300/40	13.0	300	38.9	339	24	7	3.99	2.66	7.98	23.9	1132.0	116.4	121.8	126.9	123.9	129.3	134.4	0.1003	0.1029
300/50	16.3	300	48.8	348	26	7	3.83	2.98	8.94	24.3	1208.6	127.5	134.4	140.7	135.0	141.9	148.2	0.1005	0.1032
300/70	23.3	305	71.3	377	30	7	3.60	3.60	10.8	25.2	1400.5	151.7	156.7	168.8	159.3	164.3	176.4	0.0987	0.1013
400/20	5.1	406	20.9	427	42	7	3.51	1.95	5.85	26.9	1286.3	122.0	124.9	127.8	132.2	135.1	138.0	0.0741	0.0761
400/25	6.9	392	27.1	419	45	7	3.33	2.22	6.66	26.6	1294.7	125.8	129.6	133.3	145.4	149.1	152.9	0.0769	0.0789
400/35	8.8	391	34.4	425	48	7	3.22	2.50	7.50	26.8	1348.7	133.0	137.8	142.3	152.5	157.3	161.8	0.0771	0.0791
400/50	13.0	400	51.8	452	54	7	3.07	3.07	9.21	27.6	1510.5	152.9	160.2	167.4	172.9	180.2	187.4	0.0754	0.0774
400/65	16.3	399	65.1	464	26	7	4.42	3.44	10.3	28.0	1610.0	163.3	172.4	181.5	173.3	182.4	191.5	0.0755	0.0775
400/95	22.9	408	93.3	501	30	19	4.16	2.50	12.5	29.1	1857.9	200.1	213.2	225.3	210.3	223.4	235.5	0.0739	0.0758
460/60	13.0	465	60.2	525	54	7	3.31	3.31	9.93	29.8	1755.9	177.8	186.2	194.6	201.0	209.4	217.9	0.0649	0.0666
500/35	6.9	500	34.6	534	45	7	3.76	2.51	7.53	30.1	1651.3	159.4	164.3	168.8	171.9	176.7	181.2	0.0603	0.0619
500/45	8.8	489	43.1	532	48	7	3.60	2.80	8.40	30.0	1687.0	166.4	172.4	178.0	178.6	184.6	190.2	0.0617	0.0633
500/65	13.0	502	65.1	567	54	7	3.44	3.44	10.3	31.0	1896.5	192.0	201.1	210.2	217.1	226.2	235.3	0.0601	0.0617
630/45	6.9	629	43.4	673	45	7	4.22	2.81	8.43	33.8	2078.4	194.3	200.3	206.0	210.0	216.1	221.7	0.0479	0.0491
630/55	8.8	640	56.3	696	48	7	4.12	3.20	9.60	34.3	2208.3	209.1	217.0	224.9	225.1	233.0	240.9	0.0471	0.0483
630/80	12.7	622	78.9	701	54	19	3.83	2.30	11.5	34.5	2339.7	239.3	250.4	260.6	254.9	265.9	276.2	0.0485	0.0498
710/50	6.9	709	49.2	758	45	7	4.48	2.99	8.97	35.9	2344.2	219.2	226.1	232.5	236.9	243.8	250.2	0.0425	0.0436
710/90	12.6	709	89.6	799	54	19	4.09	2.45	12.3	36.8	2664.6	265.3	277.8	289.5	283.0	295.6	307.2	0.0425	0.0436

续表

标称截面面积 (mm²) 铝合金/钢	钢比 (%)	计算面积 (mm²)			单线根数 (根)		单线直径 (mm)		直径 (mm)		单位长度质量 (kg/km)	额定拉断力 (kN)						20℃直流电阻 (Ω/km)	
		铝合金	钢	总和	铝合金	钢	铝合金	钢	钢芯	绞线		JLHA3/G1A	JLHA3/G2A	JLHA3/G3A	JLHA4/G1A	JLHA4/G2A	JLHA4/G3A	JLHA3	JLHA4
720/50	6.9	725	50.1	775	45	7	4.53	3.02	9.06	36.2	2395.9	222.0	229.0	236.0	240.1	247.1	254.1	0.0415	0.0426
800/35	4.3	799	34.6	834	72	7	3.76	2.51	7.53	37.6	2481.9	219.8	224.4	228.7	238.8	243.4	247.7	0.0377	0.0387
800/55	7.0	801	56.3	857	45	7	4.76	3.20	9.60	38.2	2652.7	246.1	254.0	261.9	266.1	274.0	281.9	0.0376	0.0386
800/65	8.3	799	66.6	866	84	7	3.48	3.48	10.4	38.3	2731.7	251.7	260.6	269.5	289.7	298.5	307.4	0.0378	0.0388
800/70	8.8	808	71.3	879	48	7	4.63	3.60	10.8	38.6	2790.1	264.3	269.2	281.4	284.5	289.4	301.6	0.0373	0.0383
800/100	12.7	799	101.7	901	54	19	4.34	2.61	13.1	39.1	3006.6	299.6	313.9	327.1	319.6	333.8	347.0	0.0378	0.0387
900/40	4.3	900	38.9	939	72	7	3.99	2.66	7.98	39.9	2793.8	247.4	252.6	257.4	268.8	273.9	278.7	0.0335	0.0344
900/75	8.3	898	74.9	973	84	7	3.69	3.69	11.1	40.6	3071.3	283.0	288.0	300.1	304.4	309.4	321.4	0.0336	0.0345
1000/45	4.3	1002	43.1	1045	72	7	4.21	2.80	8.40	42.1	3108.8	265.7	271.4	276.7	289.5	295.2	300.5	0.0301	0.0309
1120/50	4.2	1120	47.3	1167	72	19	4.45	1.78	8.90	44.5	3468.0	297.2	303.5	309.8	323.8	330.1	336.4	0.0269	0.0276
1120/90	8.1	1120	91.0	1211	84	19	4.12	2.47	12.4	45.3	3813.4	343.3	355.4	366.6	369.9	382.0	393.2	0.0269	0.0277
1250/50	4.2	1249	52.7	1302	72	19	4.70	1.88	9.40	47.0	3868.6	331.6	338.6	345.6	361.2	368.2	375.3	0.0241	0.0248
1250/70	5.6	1252	70.1	1322	76	7	4.58	3.57	10.7	47.4	4011.1	346.8	351.5	362.8	376.5	381.2	392.5	0.0241	0.0247
1250/100	8.1	1248	102	1350	84	19	4.35	2.61	13.1	47.9	4252.3	382.9	396.4	408.9	412.5	426.0	438.6	0.0242	0.0248
1300/105	8.1	1301	106	1406	84	19	4.44	2.66	13.3	48.8	4427.6	398.5	412.6	425.6	429.4	443.5	456.5	0.0232	0.0238
1400/135	9.60	1400	134	1534	88	19	4.50	3.00	15.0	51.0	4926.4	451.3	469.1	485.7	484.5	502.4	518.9	0.0216	0.0221
1440/120	8.13	1439	117	1556	84	19	4.67	2.80	14.0	51.4	4899.7	441.1	456.6	471.1	475.3	490.8	505.3	0.0210	0.0215

表 E-10　JL/LB14、JL1/LB14、JL2/LB14、JL3/LB14 铝包钢芯铝绞线线性能

标称截面面积(mm²) 铝/铝包钢	钢比(%)	计算面积(mm²) 铝	计算面积(mm²) 铝包钢	计算面积(mm²) 总和	单线根径(根) 铝	单线根径(根) 铝包钢	单线直径(mm) 铝	单线直径(mm) 铝包钢	直径(mm) 铝包钢芯	直径(mm) 绞线	单位长度质量(kg/km)	额定拉断力(kN)	20℃直流电阻(Ω/km) JL/LB14	JL1/LB14	JL2/LB14	JL3/LB14
25/4	16.7	24.1	4.01	28.1	6	1	2.26	2.26	2.26	6.78	94.7	9.87	1.1476	1.1386	1.1297	1.1211
40/5	16.7	38.3	6.38	44.7	6	1	2.85	2.85	2.85	8.55	150.6	15.50	0.7216	0.7160	0.7104	0.7049
50/8	16.7	48.3	8.04	56.3	6	1	3.20	3.20	3.20	9.60	189.8	19.06	0.5724	0.5679	0.5635	0.5592
60/10	16.7	60.4	10.1	70.5	6	1	3.58	3.58	3.58	10.7	237.6	23.15	0.4573	0.4537	0.4502	0.4468
70/10	16.7	68.0	11.3	79.3	6	1	3.80	3.80	3.80	11.4	267.7	26.08	0.4059	0.4027	0.3996	0.3965
70/40	58.3	69.7	40.7	110	12	7	2.72	2.72	8.16	13.6	484.2	69.21	0.3645	0.3619	0.3593	0.3568
95/15	16.7	95.9	16.0	112	6	1	4.51	4.51	4.51	13.5	377.1	36.74	0.2882	0.2859	0.2837	0.2815
95/55	58.3	96.5	56.3	153	12	7	3.20	3.20	9.60	16.0	670.2	93.61	0.2633	0.2615	0.2596	0.2578
120/7	5.6	119	6.61	125	18	1	2.90	2.90	2.90	14.5	374.6	29.53	0.2391	0.2372	0.2353	0.2335
120/70	58.3	122	71.3	193	12	7	3.60	3.60	10.8	18.0	848.2	115.0	0.2081	0.2066	0.2051	0.2037
150/8	5.6	145	8.04	153	18	1	3.20	3.20	3.20	16.0	456.2	34.98	0.1964	0.1948	0.1933	0.1917
150/35	23.3	147	34.4	182	30	7	2.50	2.50	7.50	17.5	653.3	74.22	0.1861	0.1846	0.1832	0.1818
185/10	5.6	183	10.2	193	18	1	3.60	3.60	3.60	18.0	577.3	42.95	0.1552	0.1539	0.1527	0.1515
185/30	16.3	181	29.6	211	26	7	2.98	2.32	6.96	18.9	712.9	72.55	0.1534	0.1522	0.1510	0.1498
185/45	23.3	185	43.1	228	30	7	2.80	2.80	8.40	19.6	819.5	92.18	0.1483	0.1472	0.1461	0.1450
200/10	5.6	198	11.0	209	18	1	3.74	3.74	3.74	18.7	623.1	46.36	0.1438	0.1426	0.1415	0.1404
200/30	16.3	192	31.4	224	26	7	3.07	2.39	7.17	19.5	756.6	76.04	0.1445	0.1434	0.1423	0.1412
210/10	5.6	204	11.3	215	18	1	3.80	3.80	3.80	19.0	643.3	47.86	0.1393	0.1382	0.1371	0.1360
210/35	16.2	212	34.4	246	26	7	3.22	2.50	7.50	20.4	831.1	83.38	0.1314	0.1304	0.1294	0.1284
210/50	23.3	209	48.8	258	30	7	2.98	2.98	8.94	20.9	928.3	104.4	0.1310	0.1299	0.1289	0.1280
240/30	13.0	244	31.7	276	24	7	3.60	2.40	7.20	21.6	901.1	83.74	0.1146	0.1137	0.1128	0.1120
240/40	16.3	239	38.9	278	26	7	3.42	2.66	7.98	21.7	938.5	94.26	0.1165	0.1156	0.1147	0.1138
240/55	23.3	241	56.3	298	30	7	3.20	3.20	9.60	22.4	1070.4	117.5	0.1136	0.1127	0.1118	0.1110
250/25	9.8	244	24.0	268	22	7	3.76	2.09	6.27	21.3	846.0	72.95	0.1154	0.1145	0.1136	0.1127
250/40	16.3	240	39.2	279	26	7	3.43	2.67	8.01	21.7	944.4	94.90	0.1158	0.1149	0.1140	0.1131

续表

标称截面面积 (mm²) 铝/铝包钢	钢比 (%)	计算面积 (mm²)			单线根径 (根)		单线直径 (mm)		直径 (mm)		单位长度质量 (kg/km)	额定拉断力 (kN)	20℃直流电阻 (Ω/km)			
		铝	铝包钢	总和	铝	铝包钢	铝	铝包钢	铝包钢芯	绞线			JL/LB14	JL1/LB14	JL2/LB14	JL3/LB14
300/25	8.8	306	27.1	333	48	7	2.85	2.22	6.66	23.8	1040.5	90.26	0.0925	0.0917	0.0910	0.0903
300/40	13.0	300	38.9	339	24	7	3.99	2.66	7.98	23.9	1106.9	102.9	0.0933	0.0926	0.0919	0.0911
300/50	16.3	300	48.8	348	26	7	3.83	2.98	8.94	24.3	1177.2	116.8	0.0929	0.0921	0.0914	0.0907
300/70	23.3	305	71.3	377	30	7	3.60	3.60	10.8	25.2	1354.7	144.3	0.0897	0.0890	0.0884	0.0877
385/50	13.0	387	50.1	437	54	7	3.02	3.02	9.06	27.2	1429.5	133.0	0.0726	0.0720	0.0714	0.0709
400/35	8.8	391	34.4	425	48	7	3.22	2.50	7.50	26.8	1326.6	112.9	0.0724	0.0719	0.0713	0.0707
400/50	13.0	400	51.8	452	54	7	3.07	3.07	9.21	27.6	1477.2	137.5	0.0702	0.0697	0.0691	0.0686
400/65	16.3	399	65.1	464	26	7	4.42	3.44	10.3	28.0	1568.1	153.6	0.0697	0.0692	0.0686	0.0681
400/95	31.8	408	93.3	501	30	19	4.16	2.50	12.5	29.1	1797.8	196.7	0.0673	0.0668	0.0662	0.0657
440/30	6.9	443	30.6	474	45	7	3.54	2.36	7.08	28.3	1443.4	114.0	0.0642	0.0637	0.0632	0.0627
435/55	13.0	437	56.6	494	54	7	3.21	3.21	9.63	28.9	1615.0	150.3	0.0642	0.0637	0.0632	0.0627
490/35	6.9	492	34.1	526	45	7	3.73	2.49	7.47	29.9	1603.2	126.7	0.0578	0.0574	0.0569	0.0565
485/60	13.0	485	62.8	547	54	7	3.38	3.38	10.1	30.4	1790.6	166.6	0.0579	0.0575	0.0570	0.0566
550/40	6.9	551	38.0	589	45	7	3.95	2.63	7.89	31.6	1796.5	141.8	0.0516	0.0512	0.0507	0.0503
620/40	6.9	620	42.8	663	45	7	4.19	2.79	8.37	33.5	2021.4	159.6	0.0458	0.0455	0.0451	0.0447
610/75	12.7	609	77.6	687	54	19	3.79	2.28	11.4	34.1	2243.2	206.9	0.0461	0.0457	0.0454	0.0450
630/45	6.9	623	43.1	667	45	7	4.20	2.80	8.40	33.6	2031.8	160.5	0.0456	0.0452	0.0449	0.0445
630/55	8.8	640	56.3	696	48	7	4.12	3.20	9.60	34.3	2172.1	180.1	0.0442	0.0439	0.0435	0.0432
700/50	6.9	697	48.2	745	45	7	4.44	2.96	8.88	35.5	2270.7	179.4	0.0408	0.0405	0.0402	0.0398
700/85	12.7	689	87.4	776	54	19	4.03	2.42	12.1	36.3	2534.0	233.4	0.0408	0.0405	0.0401	0.0398
720/50	6.9	725	50.1	775	45	7	4.53	3.02	9.06	36.2	2363.7	185.2	0.0392	0.0389	0.0386	0.0383
790/35	4.3	791	34.1	825	72	7	3.74	2.49	7.47	37.4	2432.0	165.9	0.0362	0.0359	0.0356	0.0353
785/65	8.3	785	65.4	851	84	7	3.45	3.45	10.4	38.0	2642.7	208.9	0.0362	0.0359	0.0356	0.0353
775/100	12.7	777	98.6	875	54	19	4.28	2.57	12.9	38.5	2858.1	263.3	0.0362	0.0359	0.0356	0.0353
800/55	6.9	814	56.3	871	45	7	4.80	3.20	9.60	38.4	2653.8	208.0	0.0349	0.0346	0.0344	0.0341

续表

标称截面面积（mm²）铝/铝包钢	钢比（%）	计算面积（mm²）			单线根径（根）		单线直径（mm）		直径（mm）		单位长度质量（kg/km）	额定拉断力（kN）	20℃直流电阻（Ω/km）			
		铝	铝包钢	总和	铝	铝包钢	铝	铝包钢	铝包钢芯	绞线			JL/LB14	JL1/LB14	JL2/LB14	JL3/LB14
800/70	8.8	808	71.3	879	48	7	4.63	3.60	10.8	38.6	2744.3	224.8	0.0350	0.0348	0.0345	0.0342
800/100	12.7	795	101	896	54	19	4.33	2.60	13.0	39.0	2925.2	269.5	0.0353	0.0350	0.0348	0.0345
880/75	8.3	884	73.6	957	84	7	3.66	3.66	11.0	40.3	2974.2	228.1	0.0321	0.0319	0.0316	0.0314
890/115	12.7	890	113	1002	54	19	4.58	2.75	13.8	41.2	3272.7	301.5	0.0316	0.0313	0.0311	0.0308
900/40	4.3	900	38.9	939	72	7	3.99	2.66	7.98	39.9	2768.8	188.9	0.0318	0.0315	0.0313	0.0310
990/45	4.3	988	42.8	1031	72	7	4.18	2.79	8.37	41.8	3039.5	207.5	0.0290	0.0287	0.0285	0.0283
1025/45	4.3	1021	44.3	1066	72	7	4.25	2.84	8.52	42.5	3142.9	214.7	0.0280	0.0278	0.0276	0.0274
1015/85	8.3	1014	84.5	1098	84	7	3.92	3.92	11.8	43.1	3411.8	261.6	0.0280	0.0278	0.0276	0.0273
1135/50	4.3	1135	49.2	1184	72	7	4.48	2.99	8.97	44.8	3491.4	238.4	0.0252	0.0250	0.0248	0.0246
1100/90	8.2	1098	89.6	1188	84	19	4.08	2.45	12.3	44.9	3684.2	286.9	0.0259	0.0257	0.0255	0.0253
1225/100	8.2	1226	100	1326	84	19	4.31	2.59	13.0	47.4	4112.3	320.4	0.0232	0.0230	0.0228	0.0226
1270/105	8.1	1271	103	1375	84	19	4.39	2.63	13.2	48.3	4261.9	331.5	0.0223	0.0222	0.0220	0.0218
1405/115	8.1	1408	114	1523	84	19	4.62	2.77	13.9	50.8	4721.4	367.4	0.0202	0.0200	0.0199	0.197

表 E-11 JL/LB20A、JL1/LB20A、JL2/LB20A、JL3/LB20A 铝包钢芯铝绞线性能

标称截面面积（mm²）铝/铝包钢	钢比（%）	计算面积（mm²）			单线根径（根）		单线直径（mm）		直径（mm）		单位长度质量（kg/km）	额定拉断力（kN）	20℃直流电阻（Ω/km）			
		铝	铝包钢	总和	铝	铝包钢	铝	铝包钢	铝包钢芯	绞线			JL/LB20A	JL1/LB20A	JL2/LB20A	JL3/LB20A
15/3	16.7	15.4	2.57	18.0	6	1	1.81	1.81	1.81	5.43	59.3	5.94	1.7594	1.7458	1.7325	1.7194
25/4	16.7	24.1	4.01	28.1	6	1	2.26	2.26	2.26	6.78	92.5	9.03	1.1285	1.1198	1.1112	1.1028
40/5	16.7	38.3	6.38	44.7	6	1	2.85	2.85	2.85	8.55	147.1	14.16	0.7096	0.7042	0.6988	0.6935
50/8	16.7	48.3	8.04	56.3	6	1	3.20	3.20	3.20	9.60	185.4	17.61	0.5629	0.5585	0.5543	0.5501
60/10	16.7	60.4	10.1	70.5	6	1	3.58	3.58	3.58	10.7	232.1	21.14	0.4497	0.4463	0.4429	0.4395

续表

标称截面面积(mm²) 铝/铝包钢	钢比(%)	计算面积(mm²) 铝	铝包钢	总和	单线根径(根) 铝	铝包钢	单线直径(mm) 铝	铝包钢	直径(mm) 铝包钢芯	绞线	单位长度质量(kg/km)	额定拉断力(kN)	20℃直流电阻(Ω/km) JL/LB20A	JL1/LB20A	JL2/LB20A	JL3/LB20A
70/10	16.7	68.0	11.3	79.3	6	1	3.80	3.80	3.80	11.4	261.5	23.36	0.3992	0.3961	0.3931	0.3901
70/40	58.3	69.7	40.7	110	12	7	2.72	2.72	8.16	13.6	461.8	60.66	0.3458	0.3434	0.3411	0.3388
95/15	16.7	95.9	16.0	112	6	1	4.51	4.51	4.51	13.5	368.3	31.79	0.2834	0.2812	0.2790	0.2769
95/20	19.8	95.1	18.8	114	7	7	4.16	1.85	5.55	13.9	386.0	37.80	0.2831	0.2810	0.2789	0.2768
95/55	58.3	96.5	56.3	153	12	7	3.20	3.20	9.60	16.0	639.1	83.48	0.2498	0.2481	0.2464	0.2448
120/7	5.6	119	6.61	125	18	1	2.90	2.90	2.90	14.5	371.0	28.14	0.2378	0.2359	0.2340	0.2322
120/20	16.3	121	19.6	140	26	7	2.43	1.89	5.67	15.4	462.9	44.67	0.2269	0.2252	0.2235	0.2218
120/25	19.8	122	24.2	147	7	7	4.72	2.10	6.30	15.7	497.1	48.69	0.2199	0.2182	0.2166	0.2150
120/70	58.3	122	71.3	193	12	7	3.60	3.60	10.8	18.0	808.9	100.8	0.1974	0.1960	0.1947	0.1934
150/8	5.6	145	8.04	153	18	1	3.20	3.20	3.20	16.0	451.7	33.54	0.1953	0.1937	0.1922	0.1907
150/20	12.9	146	18.8	164	24	7	2.78	1.85	5.55	16.7	526.5	47.34	0.1898	0.1883	0.1868	0.1854
150/25	16.3	149	24.2	173	26	7	2.70	2.10	6.30	17.1	571.5	54.40	0.1838	0.1824	0.1810	0.1796
150/35	23.3	147	34.4	182	30	7	2.50	2.50	7.50	17.5	634.3	67.00	0.1818	0.1804	0.1791	0.1778
155/25	16.3	153	24.9	178	26	7	2.74	2.13	6.39	17.4	588.4	55.99	0.1785	0.1771	0.1758	0.1744
185/10	5.6	183	10.2	193	18	1	3.60	3.60	3.60	18.0	571.7	40.92	0.1543	0.1531	0.1518	0.1507
185/20	13.0	187	24.2	211	24	7	3.15	2.10	6.30	18.9	676.5	59.96	0.1478	0.1466	0.1455	0.1444
185/30	16.3	181	29.6	211	26	7	2.98	2.32	7.96	18.9	696.6	66.34	0.1509	0.1497	0.1486	0.1474
185/45	23.3	185	43.1	228	30	1	2.80	2.80	8.40	19.6	795.7	83.13	0.1449	0.1438	0.1428	0.1417
200/10	5.6	198	11.0	209	18	1	3.74	3.74	3.74	18.7	617.1	43.72	0.1429	0.1418	0.1407	0.1396
200/30	16.3	192	31.4	224	26	7	3.07	2.39	7.17	19.5	739.3	69.44	0.1422	0.1411	0.1400	0.1389
210/10	5.6	204	11.3	215	18	1	3.80	3.80	3.80	19.0	637.0	45.14	0.1385	0.1374	0.1363	0.1352
210/25	13.0	209	27.1	236	24	7	3.33	2.22	6.66	20.0	756.1	67.00	0.1322	0.1312	0.1302	0.1292
210/35	16.2	212	34.4	246	26	7	3.22	2.50	7.50	20.4	812.1	76.17	0.1293	0.1283	0.1273	0.1263
210/50	23.3	209	48.8	258	30	7	2.98	2.98	8.94	20.9	901.3	94.16	0.1280	0.1270	0.1260	0.1251
240/30	13.0	244	31.7	276	24	7	3.60	2.40	7.20	21.6	883.6	77.09	0.1131	0.1123	0.1114	0.1105

续表

标称截面面积(mm²) 铝/铝包钢	钢比 (%)	计算面积 (mm²) 铝	铝包钢	总和	单线根径 (根) 铝	铝包钢	单线直径 (mm) 铝	铝包钢	直径 (mm) 铝包钢芯	绞线	单位长度质量 (kg/km)	额定拉断力 (kN)	20℃直流电阻 (Ω/km) JL/LB20A	JL1/LB20A	JL2/LB20A	JL3/LB20A
240/40	16.3	239	38.9	278	26	7	3.42	2.66	7.98	21.7	917.0	86.09	0.1146	0.1137	0.1128	0.1120
240/55	23.3	241	56.3	298	30	7	3.20	3.20	9.60	22.4	1039.3	107.4	0.1110	0.1101	0.1093	0.1085
250/25	9.8	244	24.0	268	22	7	3.76	2.09	6.27	21.3	832.7	67.90	0.1143	0.1134	0.1125	0.1116
250/40	16.3	240	39.2	279	26	7	3.43	2.67	8.01	21.7	922.8	86.67	0.1139	0.1130	0.1121	0.1113
300/15	5.2	297	15.3	312	42	7	3.00	1.67	5.01	23.0	921.8	68.87	0.0957	0.0949	0.0941	0.0934
300/20	6.9	303	20.9	324	45	7	2.93	1.95	5.85	23.4	976.8	76.67	0.0931	0.0923	0.0916	0.0909
300/25	8.8	306	27.1	333	48	7	2.85	2.22	6.66	23.8	1025.6	84.57	0.0916	0.0909	0.0902	0.0895
300/40	13.0	300	38.9	339	24	7	3.99	2.66	7.98	23.9	1085.5	94.69	0.0921	0.0914	0.0907	0.0900
300/50	16.3	300	48.8	348	26	7	3.83	2.98	8.94	24.3	1150.3	106.5	0.0913	0.0906	0.0899	0.0893
300/70	23.3	305	71.3	377	30	7	3.60	3.60	10.8	25.2	1315.4	130.1	0.0877	0.0870	0.0864	0.0857
310/20	6.9	310	21.3	331	45	7	2.96	1.97	5.91	23.7	996.9	78.25	0.0912	0.0905	0.0897	0.0890
395/25	6.9	394	27.1	421	45	7	3.34	2.22	6.66	26.7	1268.8	97.6	0.0716	0.0710	0.0705	0.0699
385/50	13.0	387	50.1	437	54	7	3.02	3.02	9.06	27.2	1401.8	124.0	0.0716	0.0711	0.0705	0.0700
400/20	5.1	406	20.9	427	42	19	3.51	1.95	5.85	26.9	1261.4	90.11	0.0699	0.0693	0.0688	0.0682
400/25	6.9	392	27.1	419	45	7	3.33	2.22	6.66	26.6	1262.3	97.2	0.0720	0.0715	0.0709	0.0703
400/35	8.8	391	34.4	425	48	7	3.22	2.50	7.50	26.8	1307.6	105.7	0.0718	0.0712	0.0707	0.0701
400/50	13.0	400	51.8	452	54	7	3.07	3.07	9.21	27.6	1448.6	128.1	0.0693	0.0688	0.0682	0.0677
400/65	16.3	399	65.1	464	26	7	4.42	3.44	10.3	28.0	1532.2	140.6	0.0686	0.0681	0.0675	0.0670
400/95	31.8	408	93.3	501	30	19	4.16	2.50	12.5	29.1	1746.1	177.2	0.0658	0.0653	0.0648	0.0643
440/30	6.9	443	30.6	474	45	7	3.54	2.36	7.08	28.3	1426.5	107.6	0.0637	0.0632	0.0627	0.0622
435/35	13.0	437	56.6	494	54	7	3.21	3.21	9.63	28.9	1583.7	140.1	0.0634	0.0629	0.0624	0.0619
490/35	6.9	492	34.1	526	45	7	3.73	2.49	7.47	29.9	1584.4	119.6	0.0574	0.0570	0.0565	0.0561
485/60	13.0	485	62.8	547	54	7	3.38	3.38	10.1	30.4	1755.9	154.1	0.0572	0.0567	0.0563	0.0559
550/40	6.9	551	38.0	589	45	7	3.95	2.63	7.89	31.6	1775.5	133.9	0.0512	0.0508	0.0504	0.0500
545/70	12.7	544	69.0	613	54	19	3.58	2.15	10.8	32.2	1961.6	169.7	0.0510	0.0506	0.0502	0.0498

续表

标称截面面积(mm²) 铝/铝包钢	钢比(%)	计算面积(mm²) 铝	计算面积(mm²) 铝包钢	计算面积(mm²) 总和	单线根径(根) 铝	单线根径(根) 铝包钢	单线直径(mm) 铝	单线直径(mm) 铝包钢	直径(mm) 铝包钢芯	直径(mm) 绞线	单位长度质量(kg/km)	额定拉断力(kN)	20℃直流电阻(Ω/km) JL/LB20A	JL1/LB20A	JL2/LB20A	JL3/LB20A
620/40	6.9	620	42.8	663	45	7	4.19	2.79	8.37	33.5	1997.8	150.6	0.0455	0.0451	0.0448	0.0444
610/75	12.7	609	77.6	687	54	19	3.79	2.28	11.4	34.1	2200.2	190.6	0.0455	0.0452	0.0448	0.0445
630/45	6.9	623	43.1	667	45	7	4.20	2.80	8.40	33.6	2008.0	151.5	0.0453	0.0449	0.0446	0.0442
630/55	8.8	640	56.3	696	48	7	4.12	3.20	9.60	34.3	2141.0	169.9	0.0438	0.0435	0.0432	0.0428
700/50	6.9	697	48.2	745	45	7	4.44	2.96	8.88	35.5	2244.1	169.3	0.0405	0.0402	0.0399	0.0396
700/85	12.7	689	87.4	776	54	19	4.03	2.42	12.1	36.3	2485.6	215.1	0.0403	0.0399	0.0396	0.0393
720/50	6.9	725	50.1	775	45	7	4.53	3.02	9.06	36.2	2337.9	176.2	0.0390	0.0387	0.0383	0.0380
790/35	4.3	791	34.1	825	72	7	3.74	2.49	7.47	37.4	2413.2	159.1	0.0360	0.0357	0.0355	0.0352
785/65	8.3	785	65.4	851	84	7	3.45	3.45	10.4	38.0	2606.6	196.4	0.0358	0.0356	0.0353	0.0350
775/100	12.7	777	98.6	875	54	19	4.28	2.57	12.9	38.5	2803.4	242.6	0.0357	0.0354	0.0351	0.0349
800/55	6.9	814	56.3	871	45	7	4.80	3.20	9.60	38.4	2622.7	197.8	0.0347	0.0344	0.0341	0.0339
800/70	8.8	808	71.3	879	48	7	4.63	3.60	10.8	38.6	2704.9	210.5	0.0347	0.0344	0.0342	0.0339
800/100	12.7	795	101	896	54	19	4.33	2.60	13.0	39.0	2869.3	248.3	0.0349	0.0346	0.0343	0.0341
880/75	8.3	884	73.6	957	84	7	3.66	3.66	11.0	40.3	2933.5	211.3	0.0318	0.0316	0.0313	0.0311
890/115	12.7	890	113	1002	54	19	4.58	2.75	13.8	41.2	3210.1	277.8	0.0312	0.0309	0.0307	0.0305
900/40	4.3	900	38.9	939	72	7	3.99	2.66	7.98	39.9	2747.3	181.2	0.0317	0.0314	0.0312	0.0309
900/75	8.3	898	74.9	973	84	7	3.69	3.69	11.1	40.6	2981.8	214.8	0.0313	0.0311	0.0308	0.0306
990/45	4.3	988	42.8	1031	72	7	4.18	2.79	8.37	41.8	3015.9	199.0	0.0288	0.0286	0.0284	0.0282
1025/45	4.3	1021	44.3	1066	72	7	4.25	2.84	8.52	42.5	3118.4	205.8	0.0279	0.0277	0.0275	0.0272
1135/50	4.3	1135	49.2	1184	72	7	4.48	2.99	8.97	44.8	3464.3	228.5	0.0251	0.0249	0.0247	0.0245
1100/90	8.2	1098	89.6	1188	84	19	4.08	2.45	12.3	44.9	3634.6	269.0	0.0256	0.0254	0.0252	0.0250
1235/50	4.2	1239	52.2	1291	72	19	4.68	1.87	9.35	46.8	3772.0	247.7	0.0230	0.0228	0.0227	0.0225
1225/100	8.2	1226	100	1326	84	19	4.31	2.59	13.0	47.4	4056.9	300.4	0.0230	0.0228	0.0226	0.0224
1270/105	8.1	1271	103	1375	84	19	4.39	2.63	13.2	48.3	4204.6	310.9	0.0222	0.0220	0.0218	0.0216
1420/60	4.2	1419	60.3	1480	72	19	5.01	2.01	10.1	50.1	4325.9	284.5	0.0201	0.0199	0.0198	0.0196
1435/60	4.2	1436	60.3	1497	72	19	5.04	2.01	10.1	50.4	4373.1	287.1	0.0199	0.0197	0.0195	0.0194
1405/115	8.1	1408	114	1523	84	19	4.62	2.77	13.9	50.8	4658.0	344.6	0.0200	0.0198	0.0197	0.0195

表 E-12　JLHA1/LB14、JLHA2/LB14 铝包钢芯铝合金绞线性能

标称截面面积 (mm²) 铝合金/铝包钢	钢比 (%)	计算面积 (mm²) 铝合金	计算面积 (mm²) 铝包钢	计算面积 (mm²) 总和	单线根数 (根) 铝合金	单线根数 (根) 铝包钢	单线直径 (mm) 铝合金	单线直径 (mm) 铝包钢	直径 (mm) 铝包钢芯	直径 (mm) 绞线	单位长度质量 (kg/km)	额定拉断力 (kN) JLHA1/LB14	额定拉断力 (kN) JLHA2/LB14	20℃直流电阻 (Ω/km) JLHA1/LB14	20℃直流电阻 (Ω/km) JLHA2/LB14
25/4	16.7	24.1	4.01	28.1	6	1	2.26	2.26	2.26	6.78	94.7	13.48	12.76	1.3254	1.3134
40/5	6.9	38.3	6.38	44.7	6	1	2.85	2.85	2.85	8.55	150.6	21.43	20.29	0.8334	0.8259
50/8	8.8	48.3	8.04	56.3	6	1	3.20	3.20	3.20	9.60	189.8	26.78	25.33	0.6611	0.6551
60/10	12.7	60.4	10.1	70.5	6	1	3.58	3.58	3.58	10.7	237.6	32.51	31.31	0.5282	0.5234
70/10	8.3	68.0	11.3	79.3	6	1	3.80	3.80	3.80	11.4	267.7	36.63	35.27	0.4688	0.4646
70/40	12.7	69.7	40.7	110	12	7	2.72	2.72	8.16	13.6	484.2	80.01	77.92	0.4154	0.4121
95/15	4.3	95.9	16.0	112	6	1	4.51	4.51	4.51	13.5	377.1	51.60	49.68	0.3328	0.3298
95/55	4.3	96.5	56.3	153	12	7	3.20	3.20	9.60	16.0	670.2	109.1	106.2	0.3002	0.2977
120/7	4.3	119	6.61	125	18	1	2.90	2.90	2.90	14.5	374.6	47.95	44.39	0.2773	0.2747
120/70	4.3	122	71.3	193	12	7	3.60	3.60	10.8	18.0	848.2	134.0	131.5	0.2372	0.2352
150/8	8.2	145	8.04	153	18	1	3.20	3.20	3.20	16.0	456.2	58.15	53.80	0.2277	0.2256
150/35	8.1	147	34.4	182	30	7	2.50	2.50	7.50	17.5	653.3	96.31	91.89	0.2144	0.2125
185/10	4.2	183	10.2	193	18	1	3.60	3.60	3.60	18.0	577.3	71.35	67.69	0.1799	0.1783
185/25	8.1	187	24.2	211	24	7	3.15	3.80	6.30	18.9	689.9	94.97	89.36	0.1732	0.1716
185/30	16.3	181	29.6	211	26	7	2.98	2.32	6.96	18.9	712.9	100.7	95.22	0.1772	0.1756
185/45	23.3	185	43.1	228	30	7	2.80	2.80	8.40	19.6	819.5	120.8	115.3	0.1709	0.1694
200/10	5.6	198	11.0	209	18	1	3.74	3.74	3.74	18.7	623.1	77.01	73.06	0.1667	0.1652
200/30	16.3	192	31.4	224	26	7	3.07	2.39	7.17	19.5	756.6	106.8	101.1	0.1669	0.1654
210/10	5.6	204	11.3	215	18	1	3.80	3.80	3.80	19.0	643.3	79.50	75.42	0.1615	0.1600
210/35	16.2	212	34.4	246	26	7	3.22	2.50	7.50	20.4	831.1	117.3	110.9	0.1518	0.1504
210/50	23.3	209	48.8	258	30	7	2.98	2.98	8.94	20.9	928.3	136.8	130.6	0.1509	0.1496
240/30	13.0	244	31.7	276	24	7	3.60	2.40	7.20	21.6	901.1	121.6	116.7	0.1326	0.1314
240/40	16.3	239	38.9	278	26	7	3.42	2.66	7.98	21.7	938.5	132.5	125.3	0.1345	0.1333
240/55	23.3	241	56.3	298	30	7	3.20	3.20	9.60	22.4	1070.4	156.1	148.9	0.1309	0.1297
250/40	16.3	240	39.2	279	26	7	3.43	2.67	8.01	21.7	944.4	133.3	126.1	0.1337	0.1325

续表

标称截面面积 (mm²) 铝合金/铝包钢	钢比 (%)	计算面积 (mm²) 铝合金	铝包钢	总和	单线根数 (根) 铝合金	铝包钢	单线直径 (mm) 铝合金	铝包钢	直径 (mm) 铝包钢芯	绞线	单位长度质量 (kg/km)	额定拉断力 (kN) JLHA1/LB14	JLHA2/LB14	20℃直流电阻 (Ω/km) JLHA1/LB14	JLHA2/LB14
300/40	13.0	300	38.9	339	24	7	3.99	2.66	7.98	23.9	1106.9	149.4	143.4	0.1079	0.1069
300/50	16.3	300	48.8	348	26	7	3.83	2.98	8.94	24.3	1177.2	163.2	157.2	0.1073	0.1063
300/70	23.3	305	71.3	377	30	7	3.60	3.60	10.8	25.2	1354.7	191.7	185.6	0.1034	0.1025
385/50	13.0	387	50.1	437	54	7	3.02	3.02	9.06	27.2	1429.5	194.9	183.3	0.0839	0.0832
400/35	8.8	391	34.4	425	48	7	3.22	2.50	7.50	26.8	1326.6	175.5	163.8	0.0839	0.0831
400/50	13.0	400	51.8	452	54	7	3.07	3.07	9.21	27.6	1477.2	201.4	189.4	0.0812	0.0805
400/65	16.3	399	65.1	464	26	7	4.42	3.44	10.3	28.0	1568.1	215.4	207.5	0.0805	0.0798
400/95	31.8	408	93.3	501	30	19	4.16	2.50	12.5	29.1	1797.8	259.9	251.8	0.0775	0.0768
440/30	6.9	443	30.6	474	45	7	3.54	2.36	7.08	28.3	1443.4	182.7	173.8	0.0744	0.0737
435/35	13.0	437	56.6	494	54	7	3.21	3.21	9.63	28.9	1615.0	220.2	207.1	0.0743	0.0736
490/35	6.9	492	34.1	526	45	7	3.73	2.49	7.47	29.9	1603.2	203.0	193.1	0.0670	0.0664
485/60	13.0	485	62.8	547	54	7	3.38	3.38	10.1	30.4	1790.6	244.1	229.6	0.0670	0.0664
550/40	6.9	551	38.0	589	45	7	3.95	2.63	7.89	31.6	1796.5	227.3	216.3	0.0598	0.0592
620/40	6.9	620	42.8	663	45	7	4.19	2.79	8.37	33.5	2021.4	255.8	243.4	0.0531	0.0526
610/75	12.7	609	77.6	687	54	19	3.79	2.28	11.4	34.1	2243.2	301.3	289.1	0.0533	0.0528
630/45	6.9	623	43.1	667	45	7	4.20	2.80	8.40	33.6	2031.8	257.2	244.7	0.0529	0.0524
630/55	8.8	640	56.3	696	48	7	4.12	3.20	9.60	34.3	2172.1	279.3	266.5	0.0512	0.0508
700/50	6.9	697	48.2	745	45	7	4.44	2.96	8.88	35.5	2270.7	287.4	273.5	0.0473	0.0469
720/50	6.9	725	50.1	775	45	7	4.53	3.02	9.06	36.2	2365.6	297.7	283.2	0.0455	0.0451
700/85	12.7	689	87.4	776	54	19	4.03	2.42	12.1	36.3	2534.0	340.2	326.4	0.0472	0.0467
790/35	4.3	791	34.1	825	72	7	3.74	2.49	7.47	37.4	2432.0	282.4	267.3	0.0420	0.0416
785/65	8.3	785	65.4	851	84	7	3.45	3.45	10.4	38.0	2642.7	328.2	305.9	0.0419	0.0415
775/100	12.7	777	98.6	875	54	19	4.28	2.57	12.9	38.5	2858.1	383.7	368.2	0.0418	0.0414
800/55	6.9	814	56.3	871	45	7	4.80	3.20	9.60	38.4	2653.8	334.2	317.9	0.0405	0.0401
800/70	8.8	808	71.3	879	48	7	4.63	3.60	10.8	38.6	2744.3	350.0	333.9	0.0406	0.0402

续表

标称截面面积 (mm²) 铝合金/钢	钢比 (%)	计算面积 (mm²) 铝合金	铝包钢	总和	单线根数 (根) 铝合金	铝包钢	单线直径 (mm) 铝合金	铝包钢	直径 (mm) 铝包钢芯	绞线	单位长度质量 (kg/km)	额定拉断力 (kN) JLHA1/LB14	JLHA2/LB14	20℃直流电阻 (Ω/km) JLHA1/LB14	JLHA2/LB14
800/100	12.7	795	101	896	54	19	4.33	2.60	13.0	39.0	2925.2	392.7	376.8	0.0409	0.0405
880/75	8.3	884	73.6	957	84	7	3.66	3.66	11.0	40.3	2974.2	358.2	341.4	0.0372	0.0369
890/115	12.7	890	113	1002	54	19	4.58	2.75	13.8	41.2	3274.4	439.4	421.6	0.0365	0.0362
900/40	4.3	891	38.6	930	72	7	3.97	2.65	7.95	39.7	2743.7	318.4	301.5	0.0373	0.0369
900/75	8.3	898	74.9	973	84	7	3.69	3.69	11.1	40.6	3023.2	364.1	347.0	0.0366	0.0363
990/45	4.3	988	42.8	1031	72	7	4.18	2.79	8.37	41.8	3041.6	353.0	334.2	0.0336	0.0333
1025/45	4.3	1021	44.3	1066	72	7	4.25	2.84	8.52	42.5	3145.1	365.1	345.6	0.0325	0.0322
1015/85	8.3	1014	84.5	1098	84	7	3.92	3.92	11.8	43.1	3411.8	410.9	391.7	0.0324	0.0321
1140/50	4.3	1135	49.2	1184	72	7	4.48	2.99	8.97	44.8	3491.4	405.5	383.9	0.0293	0.0290
1100/90	8.2	1098	89.6	1188	84	19	4.08	2.45	12.3	44.9	3684.2	448.6	427.8	0.0300	0.0297
1225/100	8.2	1226	100	1326	84	19	4.31	2.59	13.0	47.4	4112.3	500.8	477.5	0.0268	0.0266
1270/105	8.1	1271	103	1375	84	19	4.39	2.63	13.2	48.3	4406.5	510.6	483.3	0.0231	0.0229
1405/115	8.1	1408	114	1523	84	19	4.62	2.77	13.9	50.8	4721.4	574.8	548.0	0.0234	0.0232

表 E-13　JLHA1/LB20A、JLHA2/LB20A 铝包钢芯铝合金绞线性能

标称截面面积 (mm²) 铝合金/铝包钢	钢比 (%)	计算面积 (mm²) 铝合金	铝包钢	总和	单线根数 (根) 铝合金	铝包钢	单线直径 (mm) 铝合金	铝包钢	直径 (mm) 铝包钢芯	绞线	单位长度质量 (kg/km)	额定拉断力 (kN) JLHA1/LB20A	JLHA2/LB20A	20℃直流电阻 (Ω/km) JLHA1/LB20A	JLHA2/LB20A
15/3	16.7	15.4	2.57	18.0	6	1	1.81	1.81	1.81	5.43	59.3	8.11	7.64	2.0267	2.0088
24/4	16.7	24.1	4.01	28.1	6	1	2.26	2.26	2.26	6.78	92.5	12.64	11.91	1.3000	1.2884
38/5	16.7	38.3	6.38	44.7	6	1	2.85	2.85	2.85	8.55	147.1	20.10	18.95	0.8174	0.8102
50/8	16.7	48.3	8.04	56.3	6	1	3.20	3.20	3.20	9.60	185.4	25.33	23.89	0.6484	0.6427
60/10	16.7	60.4	10.1	70.5	6	1	3.58	3.58	3.58	10.7	232.1	30.50	29.29	0.5181	0.5135

续表

标称截面面积 (mm²) 铝合金/铝包钢	钢比 (%)	计算面积 (mm²)			单线根数 (根)		单线直径 (mm)		直径 (mm)		单位长度质量 (kg/km)	额定拉断力 (kN)		20℃直流电阻 (Ω/km)	
		铝合金	铝包钢	总和	铝合金	铝包钢	铝合金	铝包钢	铝包钢芯	绞线		JLHA1/LB20A	JLHA2/LB20A	JLHA1/LB20A	JLHA2/LB20A
70/10	16.7	68.0	11.3	79.4	6	1	3.80	3.80	3.80	11.4	261.5	33.91	32.55	0.4598	0.4557
70/40	58.3	69.7	40.7	110	12	7	2.72	2.72	8.16	13.6	461.8	71.47	69.38	0.3913	0.3883
95/15	16.7	95.9	16.0	112	6	1	4.51	4.51	4.51	13.5	368.3	46.65	44.73	0.3264	0.3235
95/20	19.8	95.1	18.8	114	7	7	4.16	1.85	5.55	13.9	386.0	52.55	50.65	0.3257	0.3228
95/55	58.3	96.5	56.3	153	12	7	3.20	3.20	9.60	16.0	639.1	98.92	96.03	0.2827	0.2805
120/7	5.6	119	6.61	125	18	1	2.90	2.90	2.90	14.5	371.0	46.57	43.00	0.2754	0.2729
120/20	16.3	121	19.6	140	26	7	2.43	1.89	5.67	15.4	462.9	62.75	59.14	0.2615	0.2591
120/25	19.8	122	24.2	147	7	7	4.72	2.10	6.30	15.7	497.1	67.68	65.23	0.2530	0.2507
120/70	58.3	122	71.3	193	12	7	3.60	3.60	10.8	18.0	808.9	119.7	117.3	0.2234	0.2216
150/8	5.6	145	8.04	153	18	1	3.20	3.20	3.20	16.0	451.7	56.70	52.36	0.2262	0.2241
150/20	12.9	146	18.8	164	24	7	2.78	1.85	5.55	16.7	526.5	69.92	65.55	0.2190	0.2170
150/25	16.3	149	24.2	173	26	7	2.70	2.10	6.30	17.1	571.5	77.48	73.01	0.2118	0.2099
150/35	23.3	147	34.4	182	30	7	2.50	2.50	7.50	17.5	634.3	89.09	84.68	0.2088	0.2070
155/25	16.3	153	24.9	178	26	7	2.74	2.13	6.39	17.4	588.4	79.76	75.16	0.2057	0.2038
185/10	5.6	183	10.2	193	18	1	3.60	3.60	3.60	18.0	571.7	69.32	65.65	0.1787	0.1771
185/25	13.0	187	24.2	211	24	7	3.15	2.10	6.30	18.9	676.5	89.88	84.27	0.1705	0.1690
185/30	16.3	181	29.6	211	26	7	2.98	2.32	6.96	18.9	696.6	94.45	89.01	0.1738	0.1723
185/45	23.3	185	43.1	228	30	7	2.80	2.80	8.40	19.6	795.7	111.8	106.2	0.1664	0.1650
200/10	5.6	198	11.0	209	18	1	3.74	3.74	3.74	18.7,	617.1	74.37	70.42	0.1656	0.1641
200/30	16.3	192	31.4	224	26	7	3.07	2.39	7.17	19.5	739.3	100.2	94.46	0.1638	0.1623
210/10	5.6	204	11.3	215	18	1	3.80	3.80	3.80	19.0	637.0	76.78	72.70	0.1604	0.1589
210/25	13.0	209	27,1	236	24	7	3.33	2.22	6.66	20.0	756.1	100.4	94.18	0.1526	0.1512
210/35	16.2	212	34.4	246	26	7	3.22	2.50	7.50	20.4	812.1	110.0	103.7	0.1489	0.1476
210/50	23.3	209	48.8	258	30	7	2.98	2.98	8.94	20.9	901.3	126.6	120.3	0.1469	0.1457
240/30	13.0	244	31.7	276	24	7	3.60	2.40	7.20	21.6	883.6	115.0	110.1	0.1306	0.1294

续表

标称截面面积 (mm²) 铝合金/铝包钢	钢比 (%)	计算面积 (mm²)			单线根数 (根)		单线直径 (mm)		直径 (mm)		单位长度质量 (kg/km)	额定拉断力 (kN)		20℃直流电阻 (Ω/km)	
		铝合金	铝包钢	总和	铝合金	铝包钢	铝合金	铝包钢	铝包钢芯	绞线		JLHA1/LB20A	JLHA2/LB20A	JLHA1/LB20A	JLHA2/LB20A
240/40	16.3	239	38.9	278	26	7	3.42	2.66	7.98	21.7	917.0	124.3	117.1	0.1320	0.1308
240/55	23.3	241	56.3	298	30	7	3.20	3.20	9.60	22.4	1039.3	146.0	138.7	0.1274	0.1263
250/25	9.8	244	24.0	268	22	7	3.76	2.09	6.27	21.3	832.7	105.8	100.9	0.1321	0.1309
250/40	16.3	240	39.2	279	26	7	3.43	2.67	8.01	21.7	922.8	125.1	117.9	0.1312	0.1301
300/15	5.2	297	15.3	312	42	7	3.00	1.67	5.01	23.0	921.8	114.9	106.0	0.1108	0.1098
300/20	6.9	303	20.9	324	45	7	2.93	1.95	5.85	23.4	976.8	123.7	114.6	0.1077	0.1067
300/25	8.8	306	27.1	333	48	7	2.85	2.22	6.66	23.8	1025.6	132.0	122.8	0.1060	0.1050
300/40	13.0	300	38.9	339	24	7	3.99	2.66	7.98	23.9	1085.5	141.2	135.2	0.1063	0.1053
300/50	16.3	300	48.8	348	26	7	3.83	2.98	8.94	24.3	1150.3	152.9	147.0	0.1052	0.1043
300/70	23.3	305	71.3	377	30	7	3.60	3.60	10.8	25.2	1315.4	177.4	171.3	0.1007	0.0998
310/20	6.9	310	21.3	331	45	7	2.96	1.97	5.91	23.7	996.9	126.2	117.0	0.1055	0.1046
395/25	6.9	394	27.1	421	45	7	3.34	2.22	6.66	26.7	1268.8	160.7	148.8	0.0829	0.0821
387/50	13.0	387	50.1	437	54	7	3.02	3.02	9.06	27.2	1401.8	185.9	174.3	0.0827	0.0819
400/20	5.1	406	20.9	427	42	7	3.51	1.95	5.85	26.9	1261.4	153.1	145.0	0.0810	0.0802
400/25	6.9	392	27.1	419	45	7	3.33	2.22	6.66	26.6	1262.3	159.9	148.1	0.0834	0.0826
400/35	8.8	391	34.4	425	48	7	3.22	2.50	7.50	26.8	1307.6	168.3	156.5	0.0830	0.0823
400/50	13.0	400	51.8	452	54	7	3.07	3.07	9.21	27.6	1448.6	192.1	180.1	0.0800	0.0793
400/65	16.3	399	65.1	464	26	7	4.42	3.44	10.3	28.0	1532.2	202.4	194.5	0.0790	0.0783
400/95	22.9	408	93.3	501	30	19	4.16	2.50	12.5	29.1	1746.1	240.4	232.2	0.0755	0.0749
440/30	6.9	443	30.6	474	45	7	3.54	2.36	7.08	28.3	1426.5	176.3	167.4	0.0738	0.0731
435/35	13.0	437	56.6	494	54	7	3.21	3.21	9.63	28.9	1583.7	210.0	196.9	0.0732	0.0725
490/35	6.9	492	34.1	526	45	7	3.73	2.49	7.47	29.9	1584.4	195.8	186.0	0.0665	0.0658
485/60	13.0	485	62.8	547	54	7	3.38	3.38	10.1	30.4	1755.9	231.6	217.0	0.0660	0.0654
550/40	6.9	551	38.0	589	45	7	3.95	2.63	7.89	31.6	1775.5	219.3	208.3	0.0593	0.0587
545/70	12.7	544	69.0	613	54	19	3.58	2.15	10.8	32.2	1961.6	254.0	243.1	0.0589	0.0584

续表

标称截面面积 (mm²) 铝合金/铝包钢	钢比 (%)	计算面积 (mm²) 铝合金	铝包钢	总和	单线根数 (根) 铝合金	铝包钢	单线直径 (mm) 铝合金	铝包钢	直径 (mm) 铝包钢芯	绞线	单位长度质量 (kg/km)	额定拉断力 (kN) JLHA1/LB20A	JLHA2/LB20A	20℃直流电阻 (Ω/km) JLHA1/LB20A	JLHA2/LB20A
620/40	6.9	620	42.8	663	45	7	4.19	2.79	8.37	33.5	1997.8	246.8	234.4	0.0527	0.0522
610/75	12.7	609	77.6	687	54	19	3.79	2.28	11.4	34.1	2200.2	285.0	272.8	0.0525	0.0521
630/45	6.9	623	43.1	667	45	7	4.20	2.80	8.40	33.6	2008.0	248.1	235.6	0.0524	0.0519
630/55	8.8	640	56.3	696	48	7	4.12	3.20	9.60	34.3	2141.0	269.1	256.3	0.0507	0.0502
700/50	6.9	697	48.2	745	45	7	4.44	2.96	8.88	35.5	2244.1	277.3	263.3	0.0469	0.0465
720/50	6.9	725	50.1	775	45	7	4.53	3.02	9.06	36.2	2336.0	288.6	274.1	0.0451	0.0446
700/85	12.7	689	87.4	776	54	19	4.03	2.42	12.1	36.3	2485.6	321.8	308.1	0.0465	0.0461
790/35	4.3	791	34.1	825	72	7	3.74	2.49	7.47	37.4	2413.2	275.6	260.5	0.0418	0.0414
785/65	8.3	785	65.4	851	84	7	3.45	3.45	10.4	38.0	2606.6	315.8	293.4	0.0415	0.0411
775/100	12.7	777	98.6	875	54	19	4.28	2.57	12.9	38.5	2803.4	363.0	347.5	0.0412	0.0408
800/55	6.9	814	56.3	871	45	7	4.80	3.20	9.60	38.4	2622.7	324.1	307.8	0.0401	0.0398
800/70	8.8	808	71.3	879	48	7	4.63	3.60	10.8	38.6	2704.9	335.8	319.6	0.0402	0.0398
800/100	12.7	795	101	896	54	19	4.33	2.60	13.0	39.0	2869.3	371.5	355.6	0.0403	0.0399
880/75	8.3	884	73.6	957	84	7	3.66	3.66	11.0	40.3	2933.5	341.4	324.6	0.0368	0.0365
890/115	12.7	890	113	1002	54	19	4.58	2.75	13.8	41.2	3210.1	415.7	397.9	0.0360	0.0357
900/40	4.3	891	38.6	930	72	7	3.97	2.65	7.95	39.7	2720.5	310.7	293.8	0.0371	0.0367
900/75	8.3	898	74.9	973	84	7	3.69	3.69	11.1	40.6	2981.8	347.0	330.0	0.0362	0.0359
990/45	4.3	988	42.8	1031	72	7	4.18	2.79	8.37	41.8	3015.9	344.5	325.7	0.0334	0.0331
1025/45	4.3	1021	44.3	1066	72	7	4.25	2.84	8.52	42.5	3118.4	356.2	336.8	0.0323	0.0320
1015/85	8.3	1014	84.5	1098	84	7	3.92	3.92	11.8	43.1	3365.1	391.7	372.4	0.0321	0.0318
1110/45	4.2	1110	46.8	1157	72	19	4.43	1.77	8.85	44.3	3379.7	385.4	364.3	0.0298	0.0295
1140/50	4.3	1135	49.2	1184	72	7	4.48	2.99	8.97	44.8	3464.3	395.7	374.1	0.0291	0.0288
1100/90	8.2	1098	89.6	1188	84	19	4.08	2.45	12.3	44.9	3634.6	430.8	409.9	0.0297	0.0294
1235/50	4.2	1239	52.2	1291	72	19	4.68	1.87	9.35	46.8	3772.0	430.1	406.6	0.0267	0.0264
1225/100	8.2	1226	100	1326	84	19	4.31	2.59	13.0	47.4	4056.9	480.9	457.6	0.0266	0.0263

续表

标称截面面积 (mm²) 铝合金/铝包钢	钢比 (%)	计算面积 (mm²) 铝合金	计算面积 (mm²) 铝包钢	计算面积 (mm²) 总和	单线根数 (根) 铝合金	单线根数 (根) 铝包钢	单线直径 (mm) 铝合金	单线直径 (mm) 铝包钢	直径 (mm) 铝包钢芯	直径 (mm) 绞线	单位长度质量 (kg/km)	额定拉断力 (kN) JLHA1/LB20A	额定拉断力 (kN) JLHA2/LB20A	20℃直流电阻 (Ω/km) JLHA1/LB20A	20℃直流电阻 (Ω/km) JLHA2/LB20A
1270/105	8.1	1271	103	1375	84	19	4.39	2.63	13.2	48.3	4204.6	498.1	474.0	0.0256	0.0254
1420/60	4.2	1419	60.3	1480	72	19	5.01	2.01	10.1	50.1	4325.9	493.5	466.5	0.0233	0.0231
1435/60	4.2	1436	60.3	1497	72	19	5.04	2.01	10.1	50.4	4373.1	498.6	471.3	0.0230	0.0228
1405/115	8.1	1408	114	1523	84	19	4.62	2.77	13.9	50.8	4658.0	551.9	525.2	0.0231	0.0229

表E-14　JL/LHA1、JL1/LHA1、JL2/LHA1、JL3/LHA1 铝合金芯铝绞线性能

标称截面面积 (mm²) 铝/铝合金	计算面积 (mm²) 铝	计算面积 (mm²) 铝合金	计算面积 (mm²) 总和	单线根数 (根) 铝	单线根数 (根) 铝合金	单线直径 (mm) 铝	单线直径 (mm) 铝合金	直径 (mm) 铝合金芯	直径 (mm) 绞线	单位长度质量 (kg/km)	额定拉断力 (kN)	20℃直流电阻 (Ω/km) JL/LHA1	20℃直流电阻 (Ω/km) JL1/LHA1	20℃直流电阻 (Ω/km) JL2/LHA1	20℃直流电阻 (Ω/km) JL3/LHA1
25/20	24.3	18.2	42.5	4	3	2.78	2.78	—	8.34	116.6	9.75	0.7347	0.7310	0.7273	0.7236
40/30	38.3	28.7	67.0	4	3	3.49	3.49	—	10.5	183.7	15.17	0.4662	0.4638	0.4615	0.4591
60/45	60.8	45.6	106	4	3	4.40	4.40	—	13.2	292.0	23.38	0.2933	0.2918	0.2903	0.2889
80/50	83.1	48.5	132	12	7	2.97	2.97	8.91	14.9	362.4	29.11	0.2351	0.2338	0.2325	0.2313
105/60	106	62.1	168	12	7	3.36	3.36	10.1	16.8	463.8	36.72	0.1837	0.1827	0.1817	0.1807
130/140	132	139	270	18	19	3.05	3.05	15.3	21.4	744.3	64.56	0.1180	0.1175	0.1169	0.1164
135/80	134	78.1	212	12	7	3.77	3.77	11.3	18.9	583.9	44.82	0.1459	0.1451	0.1443	0.1435
135/140	134	142	276	18	19	3.08	3.08	15.4	21.6	760.2	65.84	0.1159	0.1154	0.1149	0.1144
135/145	136	143	279	18	19	3.10	3.10	15.5	21.7	770.1	66.69	0.1144	0.1139	0.1134	0.1129
165/170	163	173	336	18	19	3.40	3.40	17.0	23.8	926.4	80.23	0.0951	0.0947	0.0943	0.0939
165/175	165	175	340	18	19	3.42	3.42	17.1	23.9	937.3	81.17	0.0940	0.0936	0.0932	0.0928
170/95	167	97.4	264	12	7	4.21	4.21	12.6	21.1	729.6	55.89	0.1173	0.1166	0.1160	0.1153
210/220	207	219	426	18	19	3.83	3.83	19.2	26.8	1175.5	98.69	0.0749	0.0746	0.0743	0.0740
210/230	219	232	451	18	19	3.94	3.94	19.7	27.6	1244.0	104.4	0.0708	0.0705	0.0702	0.0699
235/250	238	251	488	18	19	4.10	4.10	20.5	28.7	1347.1	113.1	0.0654	0.0651	0.0648	0.0645

续表

标称截面面积 (mm²) 铝/铝合金	计算面积 (mm²)			单线根数 (根)		单线直径 (mm)		直径 (mm)		单位长度质量 (kg/km)	额定拉断力 (kN)	20℃直流电阻 (Ω/km)			
	铝	铝合金	总和	铝	铝合金	铝	铝合金	铝合金芯	绞线			JL/LHA1	JL1/LHA1	JL2/LHA1	JL3/LHA1
260/275	264	278	542	18	19	4.32	4.32	21.6	30.2	1495.6	125.6	0.0589	0.0586	0.0584	0.0581
265/60	263	61.3	324	30	7	3.34	3.34	10.0	23.4	894.2	62.31	0.0923	0.0917	0.0910	0.0904
270/420	272	420	692	24	37	3.80	3.80	26.6	34.2	1910.5	169.1	0.0472	0.0470	0.0468	0.0466
307/470	306	472	778	24	37	4.03	4.03	28.2	36.3	2148.7	190.2	0.0419	0.0418	0.0416	0.0415
335/80	335	78.1	413	30	7	3.77	3.77	11.3	26.4	1139.3	76.96	0.0724	0.0719	0.0715	0.0710
345/530	345	532	878	24	37	4.28	4.28	30.0	38.5	2423.6	214.5	0.0372	0.0370	0.0369	0.0368
365/165	366	165	531	42	19	3.33	3.33	16.7	30.0	1467.2	111.4	0.0578	0.0574	0.0571	0.0568
375/85	375	87.5	463	30	7	3.99	3.99	12.0	27.9	1276.2	86.21	0.0647	0.0642	0.0638	0.0634
415/95	418	97.4	515	30	7	4.21	4.21	12.6	29.5	1420.8	95.98	0.0581	0.0577	0.0573	0.0569
455/205	456	207	663	42	19	3.72	3.72	18.6	33.5	1831.0	134.8	0.0463	0.0460	0.0457	0.0455
465/110	469	109	578	30	7	4.46	4.46	13.4	31.2	1594.5	107.7	0.0518	0.0514	0.0511	0.0507
465/210	464	210	674	42	19	3.75	3.75	18.8	33.8	1860.6	137.0	0.0456	0.0453	0.0450	0.0448
505/65	505	65.4	570	54	7	3.45	3.45	10.4	31.1	1575.2	103.5	0.0518	0.0514	0.0510	0.0507
515/230	515	233	748	42	19	3.95	3.95	19.8	35.6	2064.4	152.0	0.0411	0.0408	0.0406	0.0403
535/240	533	239	772	42	37	4.02	2.87	20.1	36.2	2135.0	159.2	0.0397	0.0395	0.0393	0.0390
570/390	568	389	957	54	37	3.66	3.66	25.6	40.3	2646.7	197.0	0.0327	0.0325	0.0324	0.0322
580/260	579	262	841	42	19	4.19	4.19	21.0	37.7	2322.9	171.1	0.0365	0.0363	0.0361	0.0358
630/430	632	433	1065	54	37	3.86	3.86	27.0	42.5	2943.8	219.1	0.0294	0.0293	0.0291	0.0290
650/295	650	294	944	42	19	4.44	4.44	22.2	40.0	2608.3	192.1	0.0325	0.0323	0.0321	0.0319
665/300	668	301	969	42	37	4.50	3.22	22.5	40.5	2679.0	199.9	0.0317	0.0315	0.0313	0.0311
705/485	709	486	1196	54	37	4.09	4.09	28.6	45.0	3305.1	246.0	0.0262	0.0261	0.0259	0.0258
745/335	747	336	1083	42	37	4.76	3.40	23.8	42.8	2994.2	223.3	0.0283	0.0282	0.0280	0.0278
790/540	792	542	1334	54	37	4.32	4.32	30.2	47.5	3687.3	274.5	0.0235	0.0234	0.0232	0.0231
800/550	803	550	1352	54	37	4.35	4.35	30.5	47.9	3738.7	278.3	0.0232	0.0230	0.0229	0.0228
820/215	817	215	1032	72	19	3.80	3.80	19.0	41.8	2852.9	185.4	0.0292	0.0290	0.0288	0.0286
915/240	914	241	1155	72	19	4.02	4.02	20.1	44.2	3192.8	207.5	0.0261	0.0259	0.0257	0.0255
1020/270	1021	270	1291	72	19	4.25	4.25	21.3	46.8	3568.6	231.9	0.0233	0.0232	0.0230	0.0229
1145/300	1145	302	1447	72	19	4.50	4.50	22.5	49.5	4000.8	260.0	0.0208	0.0207	0.0205	0.204

表 E-15　JL/LHA2、JL1/LHA2、JL2/LHA2、JL3/LHA2 铝合金芯铝绞线性能

标称截面面积 (mm²) 铝/铝合金	计算面积 (mm²)			单线根数 (根)		单线直径 (mm)		直径 (mm)		单位长度质量 (kg/km)	额定拉断力 (kN)	20℃直流电阻 (Ω/km)			
	铝	铝合金	总和	铝	铝合金	铝	铝合金	铝合金芯	绞线			JL/LHA2	JL1/LHA2	JL2/LHA2	JL3/LHA2
25/20	24.3	18.2	42.5	4	3	2.78	2.78	—	8.34	116.6	9.23	0.7155	0.7119	0.7084	0.7050
40/30	38.3	28.7	67.0	4	3	3.49	3.49	—	10.5	183.7	14.36	0.4540	0.4517	0.4495	0.4473
60/45	60.8	45.6	106	4	3	4.40	4.40	—	13.2	292.0	22.52	0.2856	0.2842	0.2828	0.2814
80/50	83.1	48.5	132	12	7	2.97	2.97	8.91	14.9	362.4	27.72	0.2298	0.2286	0.2274	0.2262
105/60	106	62.1	168	12	7	3.36	3.36	10.1	16.8	463.8	34.95	0.1796	0.1786	0.1777	0.1767
130/140	132	139	270	18	19	3.05	3.05	15.3	21.4	744.3	60.60	0.1142	0.1137	0.1133	0.1128
135/80	134	78.1	212	12	7	3.77	3.77	11.3	18.9	583.9	43.33	0.1426	0.1419	0.1411	0.1404
135/140	134	142	276	18	19	3.08	3.08	15.4	21.6	760.2	61.80	0.1122	0.1117	0.1112	0.1108
135/145	136	143	279	18	19	3.10	3.10	15.5	21.7	770.1	62.61	0.1107	0.1103	0.1098	0.1093
165/170	163	173	336	18	19	3.40	3.40	17.0	23.8	926.4	75.31	0.0921	0.0917	0.0913	0.0909
165/175	165	175	340	18	19	3.42	3.42	17.1	23.9	937.3	76.20	0.0910	0.0906	0.0902	0.0898
170/95	167	97.4	264	12	7	4.21	4.21	12.6	21.1	729.6	54.04	0.1146	0.1140	0.1134	0.1128
210/220	207	219	426	18	19	3.83	3.83	19.2	26.8	1175.5	94.53	0.0726	0.0722	0.0719	0.0716
210/230	219	232	451	18	19	3.94	3.94	19.7	27.6	1244.0	100.0	0.0686	0.0683	0.0680	0.0677
235/250	238	251	488	18	19	4.10	4.10	20.5	28.7	1347.1	108.3	0.0633	0.0630	0.0628	0.0625
260/275	264	278	542	18	19	4.32	4.32	21.6	30.2	1495.6	120.3	0.0570	0.0568	0.0565	0.0563
265/60	263	61.3	324	30	7	3.34	3.34	10.0	23.4	894.2	60.56	0.0913	0.0906	0.0900	0.0894
270/420	272	420	692	24	37	3.80	3.80	26.6	34.2	1910.5	161.1	0.0454	0.0452	0.0450	0.0449
307/470	306	472	778	24	37	4.03	4.03	28.2	36.3	2148.7	181.2	0.0403	0.0402	0.0401	0.0399
335/80	335	78.1	413	30	7	3.77	3.77	11.3	26.4	1139.3	75.48	0.0716	0.0711	0.0707	0.0702

标称截面面积 (mm²) 铝/铝合金	计算面积 (mm²)			单线根数 (根)		单线直径 (mm)		直径 (mm)		单位长度质量 (kg/km)	额定拉断力 (kN)	20℃直流电阻 (Ω/km)			
	铝	铝合金	总和	铝	铝合金	铝	铝合金	铝合金芯	绞线			JL/LHA2	JL1/LHA2	JL2/LHA2	JL3/LHA2
345/530	345	532	878	24	37	4.28	4.28	30.0	38.5	2423.6	204.4	0.0358	0.0356	0.0355	0.0354
365/165	366	165	531	42	19	3.33	3.33	16.7	30.0	1467.2	106.7	0.0567	0.0564	0.0560	0.0557
375/85	375	87.5	463	30	7	3.99	3.99	12.0	27.9	1276.2	84.55	0.0639	0.0635	0.0631	0.0627
415/95	418	97.4	515	30	7	4.21	4.21	12.6	29.5	1420.8	94.13	0.0574	0.0570	0.0567	0.0563
455/205	456	207	663	42	19	3.72	3.72	18.6	33.5	1831.0	130.9	0.0454	0.0452	0.0449	0.0446
465/110	469	109	578	30	7	4.46	4.46	13.4	31.2	1594.5	105.6	0.0512	0.0508	0.0505	0.0502
465/210	464	210	674	42	19	3.75	3.75	18.8	33.8	1860.6	133.0	0.0447	0.0444	0.0442	0.0439
505/65	505	65.4	570	54	7	3.45	3.45	10.4	31.1	1575.2	101.6	0.0514	0.0511	0.0507	0.0503
515/230	515	233	748	42	19	3.95	3.95	19.8	35.6	2064.4	147.6	0.0403	0.0401	0.0398	0.0396
535/240	533	239	772	42	37	4.02	2.87	20.1	36.2	2135.0	152.4	0.0390	0.0388	0.0386	0.0383
570/390	568	389	957	54	37	3.66	3.66	25.6	40.3	2646.7	190.0	0.0319	0.0317	0.0316	0.0314
580/260	579	262	841	42	19	4.19	4.19	21.0	37.7	2322.9	166.1	0.0358	0.0356	0.0354	0.0352
630/430	632	433	1065	54	37	3.86	3.86	27.0	42.5	2943.8	211.3	0.0287	0.0285	0.0284	0.0282
650/295	650	294	944	42	19	4.44	4.44	22.2	40.0	2608.3	186.5	0.0319	0.0317	0.0315	0.0313
665/300	668	301	969	42	37	4.50	3.22	22.5	40.5	2679.0	191.3	0.0311	0.0309	0.0307	0.0306
705/485	709	486	1196	54	37	4.09	4.09	28.6	45.0	3305.1	237.3	0.0255	0.0254	0.0253	0.0252
745/335	747	336	1083	42	37	4.76	3.40	23.8	42.8	2994.2	213.7	0.0278	0.0277	0.0275	0.0273
790/540	792	542	1334	54	37	4.32	4.32	30.2	47.5	3687.3	264.7	0.0229	0.0228	0.0227	0.0226
800/550	803	550	1352	54	37	4.35	4.35	30.5	47.9	3738.7	268.4	0.0226	0.0225	0.0224	0.0222
820/215	817	215	1032	72	19	3.80	3.80	19.0	41.8	2852.9	181.5	0.0288	0.0286	0.0284	0.0282
915/240	914	241	1155	72	19	4.02	4.02	20.1	44.2	3192.8	203.1	0.0257	0.0256	0.0254	0.0252
1020/270	1021	270	1291	72	19	4.25	4.25	21.3	46.8	3568.6	227.0	0.0230	0.0229	0.0227	0.0226
1145/300	1145	302	1447	72	19	4.50	4.50	22.5	49.5	4000.8	254.5	0.0205	0.0204	0.0203	0.0201

附录 F 常用压接管参数规格

表 F-1   导线液压型耐张线夹（一）

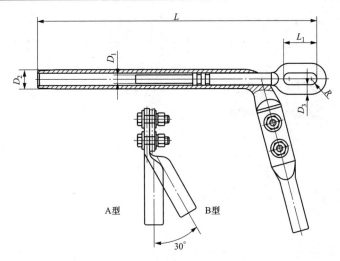

型号	适用钢芯铝绞线型号	主要尺寸（mm）						握力（kN）	质量（kg）
		L	L_1	D_1	D_2	D_3	R		
NY-185/30A（B）	JL/GIA-185/30	450	65	16	32	16	10	61.3	2.5
NY-240/30A（B）	JL/GIA-240/30	490	65	16	36	18	11	71.4	2.9
NY-240/40A（B）	JL/GIA-240/40	490	65	16	36	18	11	79.6	2.9
NY-300/25A（B）	JL/GIA-300/25	505	70	14	40	18	11	79.6	3.6
NY-300/40A（B）	JL/GIA-300/40	525	70	16	40	18	12	87.7	3.6
NY-400/35A（B）	JL/GIA-400/35	565	78	16	45	20	13	98.5	4.6
NY-400/50A（B）	JL/GIA-400/50	590	78	20	45	22	13	116.9	5.0

表 F-2   导线液压型耐张线夹（二）

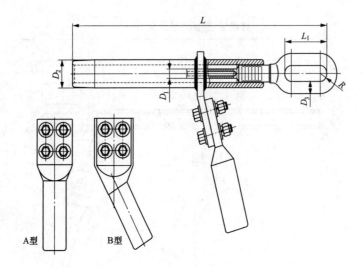

型号	适用钢芯铝绞线型号	主要尺寸（mm）						握力（kN）	质量（kg）
		L	L_1	D_1	D_2	D_3	R		
NY-500/45A（B）	JL/GIA-500/45	575	70	18	52	22	13	120.9	5
NY-630/45A（B）	JL/GIA-630/45	600	80	18	60	22	13	141.27	7.6
NY-630/55A（B）	JL/GIA-630/55	630	80	20	60	24	13	156.1	7.7
NY-720/50A（B）	ACSR-720/50	665	110	20	60	26	17	162.1	8.2

表 F-3　　　　　　　　　　　　地线液压型耐张线夹（一）

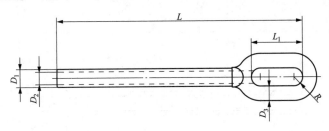

型号	适用钢芯铝绞线型号	主要尺寸（mm）						握力（kN）	质量（kg）
		D_1	D_2	D_3	L	L_1	R		
NY-35G	GJ-35	16	8.4	16	210	50	10	45	0.6
NY-50G	GJ-50	18	9.7	16	230	55	10	60	0.7
NY-80G	GJ-80	24	12.2	18	295	80	12	100	1.0
NY-100G	GJ-100	26	13.7	20	315	80	13	110	1.4

表 F-4 地线液压型耐张线夹（二）

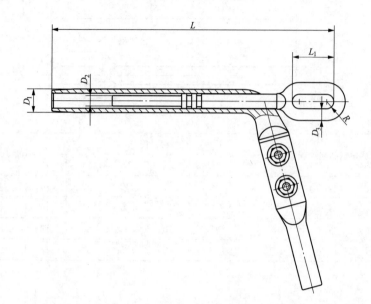

型号	适用绞线型号	主要尺寸（mm）						握力（kN）	质量（kg）
		D_1	D_2	D_3	L	L_1	R		
NY-80BG-20	JLB20A-80	36	24	18	435	70	12	85	2.5
NY-80BG-35	JLB35-80	36	24	18	435	65	12	53.4	2.5
NY-80BG-40	JLB40-80	36	24	18	435	65	12	46.6	2.5
NY-100BG-20	JLB20A-100	38	26	20	455	80	12	116	3.7
NY-100BG-35	JLB35-100	38	26	20	435	70	12	68.1	3.2
NY-100BG-40	JLB40-100	38	26	20	435	70	12	59.6	2.9
NY-120BG-20	JLB20A-120	42	30	22	490	80	13	139	3.8
NY-120BG-35	JLB35-120	36	24	18	450	70	12	81.9	2.5
NY-120BG-40	JLB40-120	36	24	18	450	70	12	71.5	2.7
NY-150BG-20	JLB20A-150	45	32	26	560	80	16	170	7.3
NY-150BG-35	JLB35-150	38	26	18	445	80	12	100	3.2
NY-150BG-40	JLB40-150	38	26	18	445	70	12	87.4	3.2

表 F-5 导线接续管

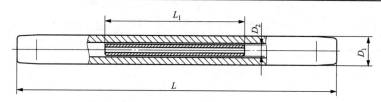

型号	钢芯铝绞线型号	主要尺寸（mm）				握力（kN）	质量（kg）
		D_1	D_2	L	L_1		
JY-95/20	JL/GIA-95/20	26	12	380	120	35.4	0.5
JY-150/25	JL/GIA-150/25	32	14	400	120	51.1	0.7
JY-185/30	JL/GIA-185/30	34	18	420	120	61.4	0.7
JYD-240/30	JL/GIA-240/30	36	20	460	100	71.5	0.9
JYD-240/40	JL/GIA-240/40	36	20	480	100	79.6	1.0
JYD-300/25	JL/GIA-300/25	40	20	480	90	79.6	1.0
JYD-300/40	JL/GIA-300/40	40	20	490	100	87.7	1.3
JYD-400/35	JL/GIA-400/35	45	22	540	100	98.5	1.8
JYD-400/50	JL/GIA-400/50	45	24	570	120	116.9	2.1
JYD-500/45	JL/GIA-500/45	52	24	610	110	121	2.9
JYD-630/45	JL/GIA-630/45	60	24	680	110	154.1	4.3
JYD-630/55	JL/GIA-630/55	60	26	690	120	156.1	4.7

表 F-6 　　　　　　　　　　　　　地线接续管（一）

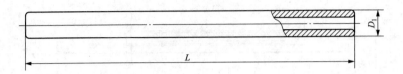

型号	适用钢芯铝绞线型号	主要尺寸（mm）		握力（kN）	质量（kg）
		D_1	L		
JY-35G	GJ-35	16	220	45	0.3
JY-50G	GJ-50	18	240	54.9	0.4
JY-80G	GJ-80	24	300	88.1	0.8
JY-100G	GJ-100	26	340	109.6	1.0

表 F-7　　　　　　　　　　　地线接续管（二）

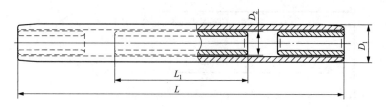

型号	适用钢芯铝绞线型号	主要尺寸（mm）				握力（kN）	质量（kg）
		D_1	D_2	L	L_1		
JY-80BG-20	JLB20A-80	36	24	550	320	85	2.2
JY-80BG-35	JLB35-80	36	24	530	320	55	1.6
JY-80BG-40	JLB40-80	36	24	500	300	46.2	1.4
JY-100BG-20	JLB20A-100	38	26	620	380	115.6	2.3
JY-100BG-35	JLB35-100	38	26	610	390	69.9	2.3
JY-100BG-40	JLB40-100	38	26	620	380	58.7	1.5
JY-120BG-20	JLB20A-120	42	30	680	400	138.9	3.1
JY-120BG-35	JLB35-120	36	24	640	400	83.9	2.6
JY-120BG-40	JLB40-120	36	24	630	380	71.5	2.2
JY-150BG-20	JLB20A-150	45	32	740	440	169.6	4.2
JY-150BG-35	JLB35-150	38	26	700	420	102.5	3.3
JY-150BG-40	JLB40-150	38	26	660	400	86.1	2.2

表 **F-8** 补修管

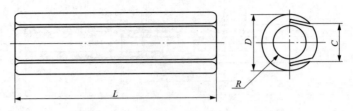

型号	适用钢芯铝绞线型号	主要尺寸（mm）				质量（kg）
		C	D	L	R	
JX-185	LGJ-185/25、185/30、185/45	21	32	170	10.5	0.2
JX-210	LGJ-210/25、210/35	22	34	220	11	0.29
JX-240	LGJ-240/30、240/40	24	36	220	11.5	0.33
JX-300	LGJ-300/20、300/25、300/40、300/50	26	40	270	13	0.51
JX-400	LGJ-400/20、400/25、400/35、400/50	30	45	320	14.5	0.75
JX-500	LGJ-500/35、500/45、500/65	32	52	320	16	1.07
JX-630	LGJ-630/45、630/55、630/80	36	60	370	18	1.7
JX-35G	GJ-35	8.6	16	120	4.2	0.11
JX-50G	GJ-50	9.8	18	120	4.8	0.14
JX-70G	GJ-70	11.8	22	140	5.8	0.25
JX-100G	GJ-100	14	26	160	7.0	0.41

表 F-9　　　　　　　　　　　　　　　跳线线夹

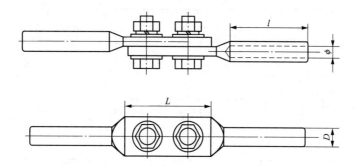

型号	适用钢芯铝绞线型号	主要尺寸（mm）				质量（kg）
		D	l	L	ϕ	
JYT-35/6	LGJ-35/6	16	60	65	9.5	0.41
JYT-50/8	LGJ-50/8	18	60	65	11	0.45
JYT-70/10	LGJ-70/10	22	70	65	13	0.54
JYT-95/15	LGJ-95/15	26	80	65	15	0.62
JYT-120/7	LGJ-120/7	26	80	85	16	0.6
JYT-120/20	LGJ-120/20	26	80	85	16.5	0.58
JYT-150/8	LGJ-150/8	30	90	85	17.5	0.84
JYT-150/20	LGJ-150/20	30	90	85	18	0.84
JYT-150/25	LGJ-150/25	30	90	85	18.5	0.84
JYT-185/10	LGJ-185/10	32	90	85	19.5	0.94
JYT-185/25	LGJ-185/25	32	90	85	20.5	0.9
JYT-185/30	LGJ-185/30	32	90	85	20.5	0.9
JYT-210/10	LGJ-210/10	34	100	85	20.5	1.18
JYT-210/25	LGJ-210/25	34	100	85	21.5	1.14
JYT-210/35	LGJ-210/35	34	100	85	22	1.1

表 F-10　　　　　　　　　　　接续管（钢芯铝绞线用，钳压）

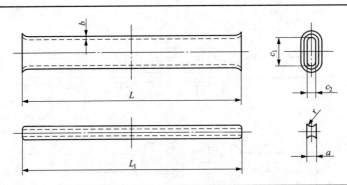

型号	适用导线	主要尺寸（mm）							握力（kN）	重量（kg）
		a	b	c_1	c_2	r	L	L_1		
JT-10/2	LGJ-10/2	4.0	1.7	11.0	5.0	—	170	180	3.9	0.03
JT-16/3	LGJ-16/3	5.0	1.7	14.0	6.0	—	210	220	5.8	0.05
JT-25/4	LGJ-25/4	6.5	1.7	16.6	7.8	—	270	280	8.8	0.08
JT-35/6	LGJ-35/6	8.0	2.1	18.6	8.8	12.0	340	350	12.0	0.12
JT-50/8	LGJ-50/8	9.5	2.3	22.0	10.5	13.0	420	430	16.0	0.20
JT-70/10	LGJ-70/10	11.5	2.6	26.0	12.5	14.0	500	510	22.2	0.31
JT-95/15	LGJ-95/15	14.0	2.6	31.0	15.0	15.0	690	700	33.3	0.51
JT-95/20	LGJ-95/20	14.0	2.6	31.5	15.2	15.0	690	700	35.3	0.51
JT-120/7	LGJ-120/7	15.0	3.1	33.0	16.0	15.0	910	920	26.2	0.84
JT-120/20	LGJ-120/20	15.5	3.1	35.0	17.0	15.0	910	920	39.0	0.90
JT-150/8	LGJ-150/8	16.0	3.1	36.0	17.5	17.5	940	950	31.2	0.93
JT-150/20	LGJ-150/20	17.0	3.1	37.0	18.0	17.5	940	950	44.3	0.97
JT-150/25	LGJ-150/25	17.5	3.1	39.0	19.0	17.5	940	950	51.4	1.01
JT-185/10	LGJ-185/10	18.0	3.4	40.0	19.5	18.5	1040	1060	38.8	1.26
JT-185/25	LGJ-185/25	19.5	3.4	43.0	21.0	18.0	1040	1060	56.4	1.37
JT-185/30	LGJ-185/30	19.5	3.4	43.0	21.0	18.0	1040	1060	61.1	1.37
JT-210/10	LGJ-210/10	20.0	3.6	43.0	21.0	19.5	1070	1090	42.9	1.49
JT-210/25	LGJ-210/25	20.0	3.6	44.0	21.5	19.5	1070	1090	62.7	1.52
JT-210/35	LGJ-210/35	20.5	3.6	45.0	22.0	19.5	1070	1090	70.5	1.55
JT-240/30	LGJ-240/30	22.0	3.9	48.0	23.5	20.0	540	550	71.8	1.00
JT-240/40	LGJ-240/40	22.0	3.9	48.0	23.5	20.0	540	550	79.2	1.00

附录 G 施工检查及评定记录

导线、地线直线压接管施工检查及评定记录表

表 G-1

耐张段塔号	压接管位置_号_至_号		号至号	导地线规格	压前铝管（mm）			压前钢管（mm）			压后铝管（mm）				压后钢管（mm）			扩径导线		外观检查	压接人	钢印代号	评定
	相	线别	号	导线： 地线：	外径 d_1		需压长度	外径 d_2		需压长度	对边距		压接长度		对边距		压接长度	填充根数（根）	填充长度（mm）	施工日期	年 月 日		
					最大	最小		最大	最小		最大	最小	L_1	L_2	最大	最小							
…																							

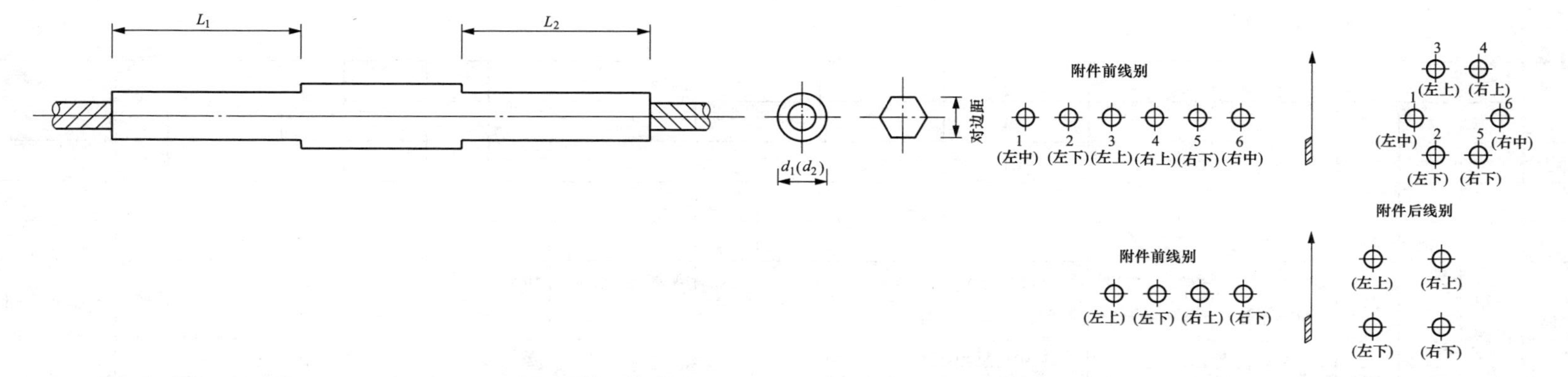

注　1. 外观检查包括管弯曲、裂纹等项目。

　　2. 压后推荐值：钢管为＿＿＿mm；铝管为＿＿＿mm。

监理：　　　　　专职质检员：　　　　　施工负责人：　　　　　检查人：

151

表 G-2

导线、地线耐张液压接管施工检查及评定记录表

导线：
地线：

耐张段塔号 号至 号				耐张段塔号										导、地线规格					施工日期		年 月 日
施工桩号	相别	线别	压前铝管 (mm) 外径 d₁		需压长度	压前钢管 (mm) 外径 d₂		需压长度	压后铝管 (mm) 对边距		压接长度	压后钢管 (mm) 对边距		压接长度	填充铝股根数（根）	扩径导线 填充铝股长度（mm）	外观检查	压接人	钢印代号	评定	
大号侧或小号侧			最大	最小		最大	最小		最大	最小		最大	最小								
...																					

注: 1. 外观检查包括管弯曲、裂纹等项目。
2. 压后对边距推荐值: 铝管为 _____ mm; 钢管为 _____ mm。

监理:　　　　　专职质检员:　　　　　施工负责人:　　　　　检查人: